부모와 함께 익히는 어휘력, 평생 공부를 좌우한다!

부모의
어휘력이
자녀의
이해력

부모와 함께 익히는 어휘력, 평생 공부를 좌우한다!

부모의 어휘력이 자녀의 이해력

이해황 지음

블루페가수스

차례

3장 자녀의 어휘력을 키우는 실전 활용법

머리말

저는 150만 부 이상 판매된 베스트셀러 대입 참고서 『국어의 기술』 시리즈 저자입니다. 내신과 수능 외에도 국어능력인증시험 출제 기관과 함께 기출문제해설서를 내기도 했고, 5급 공무원 1차 시험 참고서를 출간해 해당 카테고리 내에서 1위를 차지하기도 했습니다.

나이와 학력이 다양한 많은 수험생들을 접하며 자주 한 생각이 있습니다. **결국은 어휘력**이라는 것. 좋다고 소문난 강의를 듣거나, 과외를 해도 성적이 오르지 않는 학생을 상담해 보면, 어휘력이 문제인 경우가 많았습니다. 뒤늦게 공부에 뜻을 두고 열심히 하려고 해도, 어휘력이 약하니 이해력이 낮고 그러다 보니 성적 향상이 더뎠던 거죠.

더 큰 문제는 단기간에 어휘력을 강화할 방법이 없다는 겁니다. 어휘는 학습이라기보다는 경험의 대상이기 때문입니다. 제가 고등학생용『결국은 어휘력』을 출간하기도 했지만, 어렸을 때부터 어휘력을 탄탄하게 키워 온 학생을 이길 수 있게 해 주는 책은 아닙니다. (그래도 시험을 위해 꼭 알아야 할 중요 어휘 및 사전만으로 뜻을 알기 어려운 개념어 중심으로 구성했더니, 운 좋게도 2년 연속 수능 지문에 적중되기도 했습니다.)

'어떻게 하면 학생들의 어휘력 문제를 근본적으로 해결할 수 있을까?' 이 책은 이러한 문제의식에 대한 제 답변입니다. 어렸을 때부터 어휘력을 가정에서 챙겨 주시는 게 가장 가성비 높은 투자이며, 부모나 자녀 모두가 덜 고통스러운 방법입니다. 이런 노력이 장기적으로 사교육비 부담도 크게 줄일 수 있을 겁니다. 어휘력은 독해력을 높이고, 독해력이 있으면 어떤 분야를 공부하든 앞서 나가는 데 도움이 되기 때문입니다.

부모님의 **관심** ⇨ 자녀의 **어휘력** ⇨ 자녀의 **독해력**

그런데 제가 지금까지 수험서는 많이 써 왔지만, 자녀교육서는 처음입니다. 그래서 기존 초등 학부모님 대상 책들을 다양하게 훑어봤는데, 어떻게 써야 할지는 몰라도 어떻게 쓰면 안 되는지는 확실히 알게 됐습니다. 괜히 있어보이려고 알지도 못하는 내용을 쓰면 안 된다! '좌뇌형 아이', '우뇌형 아이', '게임이나 TV는 우뇌만 자극한다', '감성은 후두엽이 담당' 같은 잘못된 이야기가 너무 많았습니다. 간단한 검색만으로도 틀렸다는 것을 쉽게 알 수 있고, 또 독자들 중에 의학 계열이나 생물학 전공자가 있을 텐데, 용감하게(?) 이런 내용들을 쓴 저자분들이 많더라고요. 그래서 저는 어휘교육에 관한 전공서적을 바탕으로 제가 잘 알고 경험한 사례를 담백하게 녹여 내려고 애썼습니다.

부디 이 책이 자녀의 어휘력에, 나아가 학습 능력과 사회인으로서의 교양에 보탬이 되길 바랍니다. 이 책은 3장으로 구성되어 있습니다. 1장에서는 국어 어휘력이 중요한 이유를 알려드립니다. 영어 단어 하나 외우는 것보다 국어 어휘력을 키우는 게 더 급하고 중요합니다. 몇 분 지나지 않아 고개를 끄덕이시게 될 겁니다. 2장은 일상에서 자녀의 어휘력을 키우는 다양한 방법을 알려드립니다. 왜 한자 공부가 불필요한지에 대해서도 다룰 거고요, 사전 찾아보기와 다양한 문맥에 노출되기 등 구체적으로 자녀의 어휘력을 키울 수 있는 방법들을 이야기 할 겁니다. 결코 어렵지도, 비싼 돈이 들지도 않는 방법들이니 걱정하지 마세요! 그리고 이어서

마지막 3장에서는 실제 일상에서 쉽고 재미있게 활용할 수 있는 초
등 전학년, 전과목 교과서에서 추려낸 초등 필수어휘를 만나실 수
있습니다. 자연스럽고 쉽고 재미있게 자녀의 어휘력을 향상시킬 수
있을 겁니다.

1장 국어 어휘력이 생각보다 더 중요한 이유

2장 자녀의 어휘력을 키우는 다양한 방법

3장 자녀의 어휘력을 키우는 실전 활용법

이 책에 대한 피드백이나 해결되지 않는 질문이 있다면 '국어의기
술.kr'로 접속해 주세요. 국어 공부법에 대한 다양한 글도 수시로 업
데이트되니 도움이 될 겁니다.

자, 그러면 시작하겠습니다!

1장

국어 어휘력이
생각보다 더
중요한 이유

세상 모든 공부의 핵심, 어휘력
사회생활의 기본과 예의도 어휘력에서
국어 시험 고득점을 위해서
인공지능 번역기 활용도 어휘력이 기본

세상 모든 공부의 핵심, 어휘력

어휘력으로 뒤집은 1심 판결문?

'글을 읽고 이해하는 데 어휘력이 가장 중요하다!'

누구나 알고는 있는 너무 뻔한 말입니다. 그러니 제가 또 강조할 필요가 있을까 싶기도 합니다. 그런데 학생이나 부모님과 이야기해 보면 그 중요성에 대해 막연히 인식하고 있을 뿐이어서, 실질적으로 어휘력 강화를 위해 노력하는 경우는 거의 없었습니다.

그래서 여기, 인상적인 사례를 하나 소개하려고 합니다. 어휘력으로 1심 판결문을 뒤집은 사건입니다.

먼저 알아야 할 배경지식이 있습니다. 한국은 군인·군무원·경찰이 직무 중 죽거나 다쳐도 본인이나 유족이 국가에 손해배상을 할 수 없고, 법정보상금만 받도록 규정하고 있습니다. 민간인이나 일반 공무원은 국가에 손해배상을 청구할 수 있는데, 유독 군인·군무원·경찰만 국가에 대한 손해배상 청구가 금지되어 있습니다.

이 불합리한 차별은 유신 헌법까지 거슬러 올라갑니다. 당시 베트남 전쟁에 동원되어 죽거나 다친 한국 군인들에게 손해배상을 다 해주면 국고가 거덜날 수 있으니, 아예 헌법에 이런 조항을 넣어 버린 거죠. (참고로 '유신 헌법' 자체는 초등학교 사회 시간에도 언급되는 내용입니다.)

사례 01

> 육군 병사 오○○이 군의 치료 지연으로 인해 사지마비가 되어,
> 부모가 국가에 손해배상 소송

그런데 최근 기가 막힌 판결이 나왔습니다. 사례01의 오○○ 씨는 이미 보상금을 지급 받고 있기 때문에, 1심 재판부는 법에 따라 손해배상을 청구할 수 없다고 판단했지요.

그런데 2심 재판부는 판단을 달리했습니다. 국가는 오○○ 씨의 부모에게 2천만 원을 위자료로 지급하라는 것이었습니다.

그리고 2017년 6월, 대법원에서 이 판결이 확정됐습니다.

도대체 무슨 이유 때문에 판결이 뒤집힌 걸까요?

유족
||
죽은 사람의 남은 가족

핵심은 어휘력이었습니다. 유족은 '죽은 사람'의 남은 가족입니다. 그런데 오○○ 씨는 사지마비가 됐을 뿐, 여전히 살아 있는 사람입니다. 따라서 손해배상을 청구한 부모는 유족이 아니고요.

법은 본인과 유족이 국가에 손해배상하는 것을 금지할 뿐, 그 가족의 손해배상 청구까지 금지한 것은 아니었습니다. 그래서 재판부는 손해배상 청구를 인정한 거지요. 재판부가 어휘에 민감하게 반응했기 때문에, 불합리한 법률의 허점을 파고들어 원고민사소송을 제기한 사람의 억울함을 풀어 줄 수 있었습니다.

이처럼 어휘는 글을 이해하고 판단하는 기준이 됩니다. 이런 점에서 어휘력은 모든 공부의 핵심이고요. 특히나 빠르게 변하는 세상에 끊임없이 적응하며 살아야 할 자녀 세대가 정보를 바르게 해석하기 위해서는 탄탄한 어휘력이 필수라고 할 수 있습니다.

사회생활의 기본과 예의도 어휘력에서

이제 어휘력이 중요한 두 번째 이유를 말씀드리겠습니다.

바로, 인간으로서 사회생활 하며 망신 당하지 않기 위해서입니다.

다음 두 사례는 제가 실제로 겪은 것입니다. 어쩌면 여러분도 충분히 하실 법한 실수입니다. 한번 살펴볼까요?

사례 02

제가 이런 정책을 추진하겠다고 발표하니까 그다음 날 사람들이 20명 정도 몰려와서 얼마나 항의를 하던지. 너무 반대급부가 심해요. 이렇게 반대급부가 심하니 제가 무엇을 할 수 있겠습니까.

이 사례는 어떤 선출직 공무원이 하는 말을 눈앞에서 듣고 옮긴 겁니다. 어색한 부분을 바로 찾으셨나요?

바로 '반대급부'입니다. 그냥 '반대가 심하다'라고 하면 되는데, 괜히 고급스럽게 표현하려다가 헛다리를 짚었습니다. '반대'와 모양이 비슷한 '반대급부'는 반대하는 것과 아무런 관련이 없습니다. '반대급부'란 어떤 일에 대응하는 이익을 뜻합니다. 말이 좀 어렵죠? 쉽게 말해 '대가'라고 생각하면 됩니다. 예를 들어, 직장에서 한 달간 열심히 일하면 받는 월급! 이 월급이 노동에 대한 반대급부(대가)입니다.

사례 03

> "반대급부를 요구하면서 출연을 했다든지 지원을 한 적은 없습니다."
> -2016 국정조사에서 이재용 삼성전자 부회장

전 국민의 관심이 집중됐던 2016년 국정조사에서 이재용 삼성전자 부회장은 이렇게 말했습니다. 내용의 참거짓을 떠나 어휘를 적확하게 쓴 표현이 인상적이었습니다. 경영권 승계라는 반대급부, 즉 대가를 요구하면서 출연, 여기서 '출연'은 TV 출연과 관련이 없습니다. 금품이나 돈을 내 도와준다는 뜻입니다. 그러니까 달리 뒷돈을 제공한 적 없다는 말입니다.

하여튼 이날 하루 종일 포털 1면 뉴스난에 '반대급부'가 등장했었습니다. 매일 포털 사이트 메인에 접속하는 분이라면 이 단어를 못 봤을 리 없죠. 뜻을 잘 몰라서 사전을 찾아본 사람도 있겠고, 그냥 어디서 많이 들어본 말이니 알고 있다고 착각하며 그냥 스쳐 지나간 사람도 있을 겁니다.

사례 04

물질적 반대급부를 기대하고 예술가를 돕는 후원자가 보기에는, 예술가의 재능은 하나의 경제적 가치를 가진 대상일 뿐이다.

출처 : 2003학년도 수능 9월 모의평가 47~51번 지문

이렇게 어려운 단어가 시험에 나오냐고요? 네, 나옵니다. 각주도 없이 그냥 툭 튀어나옵니다. 출제하는 교수님들은 학생들이 이 정도 단어는 당연히 알 거라고 기대하시니까요. 윗글에서 '반대급부'를 '반대하다'로 생각하고 읽으면 도무지 무슨 뜻인지 알 수 없겠죠? 하

지만 이제 '대가'라는 정확한 뜻을 알았으니 글을 제대로 이해할 수 있습니다. 후원자는 예술가에게 경제적으로 지원을 하고, 그에 대한 대가(반대급부)로 예술품을 기대한다는 뜻입니다. 만약 예술가가 미술을 하는 사람이었다면, 반대급부는 미술품을 뜻하겠죠?

사례 05

#수요일
직원 : 목요일 3시에 뵙겠습니다.
거래처 사장 : 네.

#목요일
직원 : 확인 연락드립니다. 금일 3시에 뵙겠습니다.
거래처 사장 : 목요일에 보자고 했는데 갑자기 금요일이라뇨!

이 사례는 인터넷에 떠도는 유머(?)입니다. 엄밀히 말하면, 어떤 분의 실제 경험을 담은 하소연이었는데 결과적으로 유머가 됐습니다. '금일'은 금요일이 아니라 오늘을 뜻하는 한자어인데, 거래처 사장이 그 뜻을 몰라서 이런 촌극이 벌어졌습니다.

앗, 그런데 여기에서 또 촌극이란 무슨 뜻일까요? 촌극이란 원래 아주 짧은 단편 연극을 뜻합니다. 그런데 비유적으로, 사람들의 이목을 끄는 우발적이고 우스꽝스러운 일을 뜻하는 말로 더 자주 사용되기도 합니다.

어쨌든 한자어로 어제＝작일, 오늘＝금일, 내일＝명일이라고 합니다. 언뜻 낯설게 느껴질 수도 있겠지만 금일, 명일은 직장에서 흔히 쓰는 말입니다.

사례 06

> "내 또한 정씨 여자를 보고자 하니 명일에 당당히 정씨 여자를 불러들여 보리라."
>
> 출처 : 김만중의 「구운몽」을 1998년도 수능에서 재인용
>
> "신이 전일 죄상은 죽어 마땅하오나, 금일 일은 만만 애매하오니 용서하옵소서."
>
> 출처 : 작자 미상. 「전우치전」을 2016학년도 수능 6월 모의평가에서 재인용

그런데 위에서 보다시피, 시험에도 이런 단어가 툭툭 튀어나옵니다. 그렇다면 학생들은 금일, 명일이 무슨 뜻인지 알까요? 당연히 잘 모릅니다. 오늘, 내일이라는 단어가 있는데 뭐하러 이런 단어를 쓰나요? 친구들끼리도, 선생님들도 잘 안 씁니다.

그러나 이런 단어를 모르면, 당장 국어 시험 점수가 낮게 나올 뿐만 아니라 추후 사회생활 할 때도 지장이 생길 수 있습니다. 우리는 결국 누군가가 사용하는 어휘를 통해 그 사람의 지식수준과 됨됨이를 판단할 수밖에 없으니까요.

사회에서는 누가 어휘를 틀리게 쓴다 해도 학교 선생님처럼 교정해 주지 않습니다. 괜히 지적했다가 상대방이 창피해하거나 예민한 상황으로 이어질 수도 있기 때문이지요. 사회생활에서는 쉽사리 다음 기회가 주어지지 않습니다. 그러니 평생의 사회생활과 이어지는 학창 시절의 어휘력, 생각보다 만만치 않게 중요하다는 것, 다시 한번 상기하시기 바랍니다.

자녀의 평생 사회생활도 바로 지금, 부모와 함께하는 생활 속의 어휘에 달려 있습니다.

국어 시험 고득점을 위해서

국어 어휘력이 중요한 이유는 당연히 시험 점수를 잘 받기 위해 서입니다. 아마 학부모님들께서도 이 부분에 대해 가장 관심이 많으시겠지요!

왜 어휘력이 중요한지 실제 사례를 몇 가지 보여 드리려고 합니다. 사례07을 같이 풀어볼까요? 문제 푸는 게 부담스러우실까 봐 지문도 한 문장, 선지도 딱 한 개만 가져왔습니다. 2009학년도 수능 문제인데, 굉장히 쉬웠는데도 의외로 많은 학생들이 틀렸습니다.

사례 07

집을 허무는 인부들도 즐거운 낯이 아니다.

문. 윗글로 미루어 알 수 있는 것은?
① 인부들은 불이의 집을 허무는 일에 대해 기꺼워하지는 않았다.

출처 : 2009학년도 수능 1교시 언어영역 37번

①이 지문과 일치하나요, 일치하지 않나요? 나이가 있는 분들은 쉽게 맞히시는데, 요즘 젊은 부모님들은 또 잘 모르시는 것 같습니다. '기꺼워하다'의 뜻을 아느냐 모르느냐가 핵심인데, 놀랍게도 많은 학생들이 이 단어의 뜻을 모릅니다. 그렇다면 이 단어 뜻을 모르는 학생들은 시험장에서 어떻게 생각했을까요?

띠꺼워하다?
역겨워하다?
꺼려하다?

어감으로 판단을 해 보려 하니 제일 먼저 떠오르는 단어가 '띠꺼워하다'였습니다. '아니꼽다'라는 의미인데, 표준어는 아닙니다. 또 발음이 비슷한 '역겨워하다', '꺼려하다'와 비슷한 뜻 아닐까 추측한 학생도 많았습니다. 어떤 경우든 부정적인 뜻으로 느껴지니, 이를 근거로 푼 학생들은 다 틀렸습니다.

'기꺼워하다'는 기쁘게 여긴다는 뜻입니다.

"다른 사람도 아니고 네 부탁인데 기꺼이(=기쁘게) 해 줘야지!" 할 때의 '기꺼이'와 사촌관계에 있는 단어입니다. 집에 가서 한번 자녀에게 물어보세요. '기꺼워하다'가 무슨 뜻 같냐고요. 거의 대부분이 모를 겁니다. 그러니 이 문제를 많은 학생들이 틀렸겠지요.

사례 08

> 조 의관(덕기의 조부)이 죽고, 덕기가 재산 상속자가 된다. 조 의관의 유산 목록에 정미소가 없었다는 것을 안 상훈은 정미소를 차지하려고 한다.

출처 : 2017학년도 수능 6월 모의평가 1교시 국어영역 39~42번

또 재미있는 사례를 하나 보여 드리겠습니다. 사례08은 염상섭이 쓴 소설 『삼대』의 일부입니다.

조부가 아들 상훈을 건너뛰고 손자인 덕기에게 재산을 물려줬는데, 정미소를 두고 아들과 아버지가 다투는 내용이 전개됩니다.

요즘 학생들이 이 글에서 어떤 단어를 모를 것 같으세요?

'조부'요? 네, 요즘 '조부'가 곧 할아버지라는 것을 모르는 학생도 많습니다. 그런데 이런 상상을 뛰어넘는 일이 있었습니다. 저는 한 학생과 상담하다가 충격받은 적이 있습니다.

학생은 '정미소'를 여자 이름으로 이해했던 겁니다! 윗글을 읽으며 다음과 같이 생각했다고 합니다.

"할아버지의 첩인 정미소가 얼마나 예뻤으면,
아들과 아버지가 서로 차지하려고 한 걸까?

어쨌든 이 소설은 아들, 아버지, 정미소
이 셋의 삼각관계가 중요할 테니
이를 중심으로 읽어 나가자!"

황당하게 느껴지시나요? 바로 요즘 학생들 실태입니다.

특히 도시에서만 산 학생들은 정미소, 즉 방앗간을 본 적이 거의 없고, 주변에 '미소'라는 이름의 친구들도 있을 테니 이런 착각을 할 만합니다. 삐삐나 카세트테이프를 잘 모르는 것과 비슷합니다. 그런데 시험에는 아이들이 태어나기 전 상황을 배경으로 한 지문도 곧잘 출제됩니다.

오불관언
명재경각
천려일실
후생가외

제가 중고등학교에 강연을 가면 꼭 보여 주는 화면입니다. 화면에 보이는 사자성어 중 하나라도 알면 선물을 주겠다고 하는데… 자신 있게 손 드는 학생이 거의 없더라고요.

언젠가는 한 학생이 손을 번쩍 들길래 반가워서 말해 보라고 했더니 "근데 이거 가로로 읽는 거예요, 세로로 읽는 거예요?"라고 해서 한참 웃었던 기억이 납니다. 지금 읽으시는 분들 중 웃음이 나오는 분도 있을 거고, 어쩌면 학생과 똑같이 궁금해 하실 분도 있을 겁니다. 그렇습니다. 가로로 읽는 겁니다.

놀랍게도 전부 시험에 출제된 적이 있는 사자성어입니다!

사례 10

"제가 혼자 산속에서 지키고 있는데 많은 도적들이 갑자기 들이닥쳤습니다. ㉠박살날 것 같아 죽을 힘을 다해 달아나 겨우 목숨을 보존하게 되었습니다. -작자 미상, 「운영전」

명재경각(命在頃刻)

참고로 2011학년도 수능에 '명재경각'이 정답인 문제가 나왔는데, 당연히 많이들 틀렸습니다. 이런 사자성어를 접해 본 적이 없으니까요. 명재경각은 죽을 지경에 이르렀다는 뜻입니다.

사자성어는 대화, 문학작품, 신문, 책 등 다양한 곳에 많이 쓰입니다. 당연히 시험에도 빈출되고요. 부모님들이라 해서 저 사자성어들을 다 아시는 것도 아닙니다. 바로 이런 기회에 자녀와 함께 하나 더 배워 가시면 좋겠지요!

부모님을 위한 어휘력

오불관언 나는 그 일에 상관하지 않는다는 뜻으로, 수수방관과 비슷한 뜻입니다. 요즘은 '아돈캐어'(I don't care)라고도 많이들 씁니다.

천려일실 천 번의 생각 중 한 번 실수라는 뜻입니다. 아무리 지혜로운 사람이라도, 또 아무리 여러 번 생각하고 한 일이라도 실수가 있을 수 있다는 말입니다.

후생가외 후생은 선생의 반대말입니다. 자신보다 나중에 태어난/공부한 후배들이지만 가히 두려워할 만하다는 뜻입니다. 자신보다 학문적으로 뛰어나거나, 혹은 그럴 가능성이 있는 어린 사람을 만났을 때 씁니다.

과제1. 자녀들 앞에서 '오불관언', '천려일실', '후생가외'를 대화 중에 자연스럽게 사용해 보세요. 그리고 자녀가 무슨 뜻인지 물으면 친절하게 설명해 주세요. 예를 들어, 하지 말라는 것을 자녀가 했는데 상황이 안 좋아졌습니다. 그래서 자녀가 부모님의 도움을 요청할 때 단호하게 "오불관언이다"라고 근엄하게 말씀해 보시면 어떨까요? 그런 다음 뜻을 설명해 주시고 상황을 수습하시면, 공부도 되고 마음도 달래고 일거양득이겠지요.

이처럼 어휘력은 국어 시험 점수에 직간접적으로 영향을 주는 요소입니다. 어휘력이 약하면 단순하게 어휘 문제를 틀리고 마는 문제가 아닙니다. 자녀가 문학 또는 비문학 독서 지문을 읽을 때 내용을 완전히 잘못 이해할 수도 있습니다!

인공지능 번역기 활용도 어휘력이 기본

국어 어휘력이 중요한 네 번째 이유! 다소 의아하게 생각하실 수도 있겠습니다. 바로 인공지능 번역기가 등장했기 때문입니다.

2018학년도 수능부터 영어영역이 절대평가로 바뀐 것, 다들 알고 계시는지요? 상대평가에서는 상위 4%만 1등급을 받을 수 있었습니다. 하지만 절대평가에서는 90점 이상이면 누구나 1등급입니다. 교육부에서는 절대평가를 시행하는 이유로 영어 사교육비 감소, 학업 부담 완화, 학교 영어교육 정상화 등을 들었습니다.

저는 영어 절대평가에 100% 찬성하지만 그 이유는 좀 다릅니다. 인공지능 번역기 때문에, 더 이상 영어를 상대평가할 이유가 없다고 생각합니다. 무슨 뜻인지 좀 더 자세히 설명해 보겠습니다.

2016년 11월 15일, 구글에서 기존의 번역기에 인공지능 기술을 통합한다고 발표했습니다. 이전에는 영어 단어와 한국어 단어를 1:1로 바꾸는 식이라 번역이 어색할 때가 많았습니다.

그런데 이제는 다릅니다. 번역 품질을 보면 때로 소름 끼칠 정도입니다. 물론 아직 부족한 부분이 있긴 하지만, 그 부분마저도 무서운 속도로 개선되고 있습니다.

감이 안 잡히실 것 같아 제가 두 가지 사례를 준비했습니다.

마침 이 발표가 2017학년도 수능 직후여서 그해 수능 영어 지문을 번역기에 넣어 봤습니다. 그러자 1초도 안 되어 구글 번역기는 다음과 같은 결과를 내놓았습니다.

어떤가요? 원래 지문은 고1, 2까지 영어를 충실히 공부한 학생들이라면 어렵지 않게 독해할 수 있는 수준입니다. 그런데 번역을 해 보니까 초등학생도 읽고 이해할 수 있겠죠? 구글 번역기는 이를 1초 만에 해냅니다. 아무리 영어를 잘 하는 사람이라도 1초 만에 이렇게 번역할 수는 없죠.

Want to improve your Korean writing? Writing is an essential tool that will help you adjust to Korean university life. The Ha-Rang Writing Center offers a free tutoring program open to all international students at our university. We encourage you to take advantage of this. The program has always been very popular among international students. Registration opens from November 28 for three days only. Once you are registered, we will match you with a perfect tutor and contact you to arrange your schedule. We are sure that you will be satisfied with our well-experienced tutors. Don't miss this great opportunity to improve your Korean writing. For more information, feel free to email Jiyung Yoon, HRWC Director, at jyoon@hrwc.org.

출처 : 2017학년도 수능 영어영역 18번

한국어 글쓰기를 개선하고 싶습니까? 글쓰기는 한국 대학 생활 적응에 필수적인 도구입니다. Ha-Rang Writing Center는 우리 대학교의 모든 유학생들에게 무료 개인 교습을 제공합니다. 우리는 당신이 이것을 이용하도록 권장합니다. 이 프로그램은 유학생들에게 항상 인기가 있었습니다. 등록은 11월 28일부터 3일간만 가능합니다. 등록을 마치면 완벽한 가정교사와 상의하고 일정을 짜기 위해 연락을드립니다. 우리는 당신이 우리의 경험이 풍부한 교사들에게 만족할 것이라고 확신합니다. 이처럼 좋은 기회를 놓치지 마세요. 자세한 정보는 윤지영 (HRWC Director)에게 이메일 jwoon@hrwc.org을 보내주십시오.

놀랍나요? 사실 진짜 놀라운 건 다음 사례입니다.

"가설은 과학적 지식의 후보가 되는 것인데, 그들은 가설로부터 논리적으로 도출된 예측을 관찰이나 실험 등의 경험을 통해 맞는지 틀리는지 판단함으로써 그 가설을 시험하는 과학적 방법을 제시한다.

출처 : 2017학년도 수능 국어영역 16~20번

2017학년도 수능에 나왔던 문장입니다. 한국말이지만, 한 번 읽어서는 그 뜻을 알기가 어려울 겁니다. 하지만 이 정도 문장을 독해할 수 있어야 수능에서 고득점을 받을 수 있고, 또 대학에 가서도 무리 없이 공부할 수 있습니다.

그런데 이 문장을 영작하실 수 있는 분 계신가요? 미국에서 몇 년 살다 왔든, 영어 유치원부터 시작해서 대학에서 영어를 전공했든, 통번역 대학원을 나왔든 간에, 보시다시피 결코 만만한 문장이 아닙니다. 그런데 구글은 1초도 안 돼서 완벽하게 번역해 냅니다.

사례 13

Hypotheses are candidates for scientific knowledge. They suggest a scientific method of testing the hypotheses are right or wrong through experience such as observation or experiment.

출처 : 2017학년도 수능 국어영역 16~20번 구글 번역

이 사례를 대치동에서 영어 강사 하는 친구에게 보여 주니 소름 끼친다고 했습니다. 문법적으로 완벽하게 이 정도로 번역할 수 있는 사람이 학교나 학원에 몇 명이나 있겠냐고 했습니다.

이런 시대에 영단어를 하나 더 외우고, 영문법 문제를 수없이 푼다는 건? 사회적 낭비입니다. 앞으로 필요한 영어 실력은 번역된 문장을 비교하며, 때로는 사전을 찾아가며 올바른지 판단할 수 있는 정도일 것입니다. 그래서 영어가 절대평가로 바뀐 게 아닐까 싶습니다.

앞으로 번역 기술이 발달할수록 모국어 능력이 더 중요해질 겁니다. 기술이 개인의 한국어 실력에 해당하는 영어, 일본어, 중국어, 프랑스어 실력을 갖게 해 줄 테니까요.

**수동태를 가르쳐야 하는데
'수동적'이 뭔지 몰라요. ㅠ-ㅠ**

**flexible을 '유연한'이라고 외우지만,
그게 무슨 뜻인지를 몰라요. ㅠ-ㅠ**

사실 지금도 영어를 잘하려면 한국어가 더 중요합니다.

한 영어 강사분이 한번은 학생들의 국어 실력이 부족하다며 하소연한 적이 있습니다. 수동태를 배울 때 '수동적'이 무슨 뜻인지 모르고, flexible을 '유연한'이라고 외우지만 정작 '유연한'이 무슨 뜻인지 모른다고요.

어떻게 이런 것도 모르겠냐고 하실 수 있지만… 지금 당장 곁에 있는 자녀에게 한번 물어보세요. 구체적으로 어떤 경우를 가리키는지 설명할 수 있겠냐고요. 어쩌면 상상했던 것보다 훨씬 더 엉뚱한 대답을 내놓을 수도 있습니다!

2장

자녀의 어휘력을 키우는 다양한 방법

사전 찾아보기

 이렇게 중요한 어휘력을 어떻게 강화할 수 있는지 구체적으로 알아보겠습니다. 어휘력을 늘릴 수 있는 경로는 사전 찾아보기, 다양한 문맥에 노출되기, 대화, 수업, 독서로 나눌 수 있습니다.

 제가 학생 때만 해도 학교 졸업, 입학 선물로 국어사전을 주고받았습니다. 하지만 PC와 스마트폰이 대중화된 이후 그런 모습을 보기 어렵죠. 인터넷에만 접속하면 바로 뜻풀이를 볼 수 있으니까요.

 그런데 이러한 혜택을 잘 활용하는 학생이 드문 것 같습니다! 활용법을 제대로 가르쳐 주지 않으니까요. 사전만 잘 찾아봐도 어휘력이 쑥쑥 늘 수 있는데, 참 안타까운 일입니다. 그래서 제가 간단한 사전 활용법을 알려 드리겠습니다.

스마트폰 사전활용법

가장 흔히 사용하는 사전으로 예를 들겠습니다. 먼저 앱스토어(아이폰)/플레이스토어(구글)에서 '네이버 사전'을 검색해서 설치하세요. 설치하면 초기 설정이 뜰 텐데, 북마크█로 '국어사전'을, 마이메뉴✅로 '지식백과' '국어사전'을 선택해 주세요. 특정 분야의 개념어는 국어사전보다 지식백과의 설명을 참고하는 게 더 정확할 때가 많습니다.

간단하죠? 부모님 폰에도, 자녀 폰에도 설치해 두고, 모르는 단어를 만날 때마다 지나치지 않고 검색해 보세요.

작은 습관이 누적되어 큰 차이를 만듭니다.

이제 꿀팁 두 가지를 알려드리겠습니다.

꿀팁 첫 번째! 고려대한국어대사전의 뜻풀이도 같이 보세요.

네이버 국어사전은 국립국어원의 『표준국어대사전』의 뜻풀이를 기본값으로 보여 줍니다. 그런데 최근 고려대 민족문화연구원의 『고려대 한국어대사전』도 서비스를 시작했습니다. 물론 수능 국어 시험, 공무원 국어 시험은 『표준국어대사전』을 기준으로 출제됩니다. 하지만 제가 사용해 보니 『고려대 한국어대사전』이 좀 더 이해하기 쉽게 설명된 경우가 꽤 있었습니다.

예를 들어, '기꺼워하다'는 『표준국어대사전』의 뜻풀이를 봐도 그 뜻을 알기 어렵습니다. 결국 '기껍다'(마음속으로 은근히 기쁘다)를 한 번 더 검색해야 그 뜻을 알 수 있습니다. 반면 『고려대 한국어대사전』은

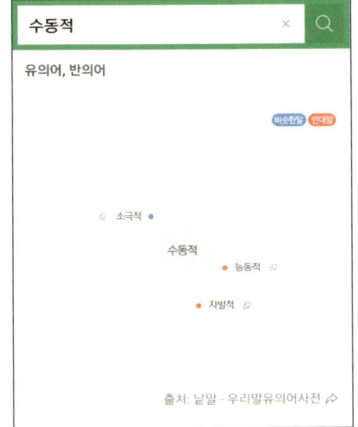

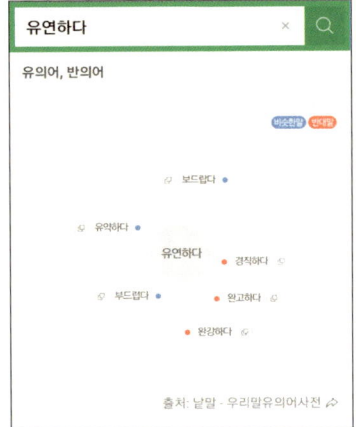

단박에 그 뜻을 알 수 있게 뜻풀이가 되어 있습니다.

꿀팁 두 번째! 뜻풀이 아래로 쭉 내려가 보세요.

그러면 비슷한말, 반대말이 제시될 때가 있습니다. 예를 들어, '수동적'의 경우 비슷한말로 '소극적', 반대말로 능동적, 자발적이 제시됩니다. 여기서 버튼을 누르면 관련된 단어 뜻풀이로 이동할 수 있습니다.

하지만 굳이 뜻풀이를 다 눌러 볼 필요는 없습니다.

제시된 단어들이 방금 내가 찾은 단어와 비슷한말이구나, 반대말이구나 하고 아는 정도로도 충분합니다.

사전 뜻풀이를
외우게 해야 할까요?

사전 찾아보기를 알려 드리면, '사전 뜻풀이를 외우게 해야 할까요?'라고 묻는 분들이 종종 있습니다. 결론부터 말씀드리면 그럴 필요 없습니다. 그냥 읽고, 이해하고 넘어가면 됩니다. 잊어버려도 상관없습니다. 나중에 또 찾아볼 기회가 있을 것이고 이런 과정이 반복되면 자연스럽게 기억됩니다.

괜히 암기하거나 노트에 옮겨 쓰라고 했다가는 사전 찾아보는 일을 괴로운 작업으로 여기게 될 겁니다. 그러면 결국 사전 검색을 싫어하고 귀찮아 하고 멀리하게 되겠죠. 또 국내외 연구결과에 따르면, 단순히 사전 정의를 외우는 방식은 독해에 그리 도움이 안 된다고 합니다.

다양한 문맥에 노출되기

어휘 습득

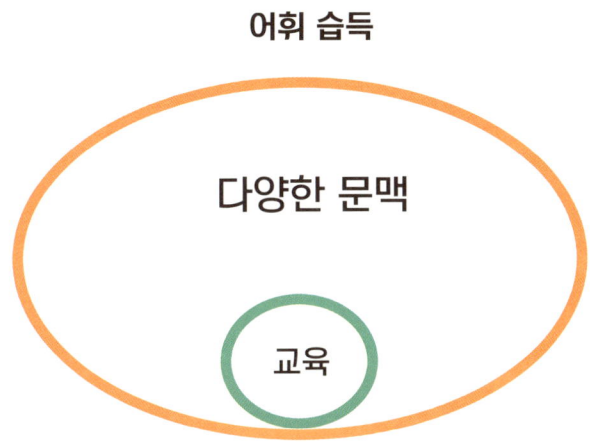

다양한 문맥

교육

    이제 어휘를 습득하는 또 다른 경로인 '다양한 문맥에 노출되기'에 대해 이야기해 보겠습니다. 연구에 따르면 학생들은 매년 약 3천 개의 어휘를 습득하는데, 이 중 교육을 통한 건 10% 정도밖에 안 된다고 합니다. 생각해 보면, 우리도 한국어 어휘를 학교 교과서나 국어사전으로 배운 건 아닙니다. 생활 속에서, 듣고 읽으며 습득한 것들이 대부분입니다

> '어린이 보호 구역'에 대한 인식 제고
> 세계 속의 한국 위상 제고
> 우리말을 사랑하고 가꾸기 위한 노력 제고
> 고령사회를 대비한 출산율 제고 방안

사례14를 볼까요? '제고'의 뜻을 모르더라도, 다양한 문맥을 접하다 보면 어린 자녀라도 그 뜻을 자연스럽게 알게 됩니다.

여러분도 답하실 수 있겠죠? 아마 up(↗)이라는 느낌을 확 받으셨을 겁니다. 네, '쳐들어 높이다'라는 뜻입니다.

이처럼 어휘는 학습보다는 경험을 통해 습득하는 대상이기 때문에, 단기간에 늘리기 어렵습니다.

국어능력인증시험ToKL 성취도 분석

어휘 : 40대 > 30대 > 20대 > 10대

7년치 국어능력인증시험 성취도를 분석해 보니 재미있는 결과가 나왔습니다. 어휘 문제를 40대 > 30대 > 20대 > 10대 순으로 잘 맞혔던 것입니다. 물론 문법 문제는 10대가 가장 잘 맞혔습니다. 아무래도 학생들이다 보니 국어 내신/수능 공부하며 잘 아는 것이죠.

하지만 어휘만큼은 20~40대를 당해 내지 못했습니다. 문맥에 대한 경험이 상대적으로 적기 때문일 겁니다.

사전 찾아보기 　　　　 다양한 문맥에 노출되기

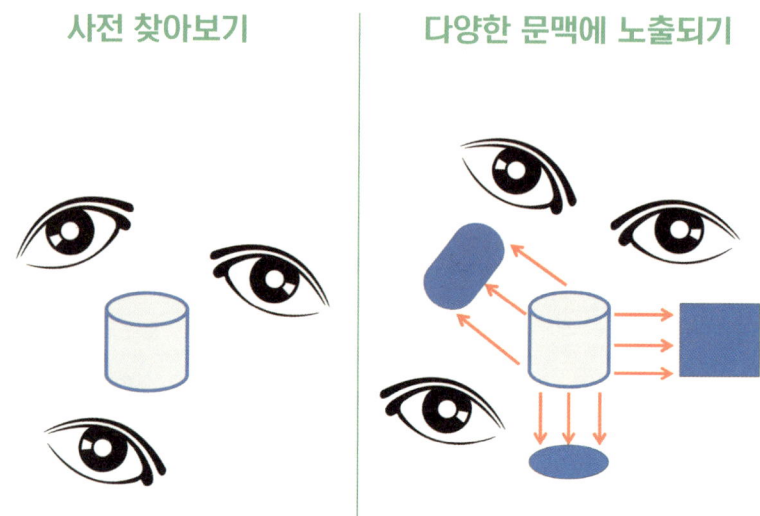

　사전 찾아보기와 다양한 문맥 노출되기를 비교해 보겠습니다.

　어휘를 원통이라고 해 보겠습니다. 이때 사전을 통해 뜻풀이를 보는 것은 원통 앞뒤양옆에서 직접 관찰하는 것과 같습니다. 반면 다양한 문맥을 통해 뜻을 짐작하는 것은 다양한 방향에 놓인 그림자를 통해 원통을 간접 관찰하는 것과 같고요. 그런데 우리가 아는 어휘 중 사전을 통해 습득하는 단어는 비중이 매우 작죠? 대부분 문맥을 통해 뜻을 알게 됐습니다. 그런데 만약 문맥을 많이 접해 보지 못해서 일부 뜻만 알고 있다면? 그리고 마침 시험장에 내가 접해 보지 않은 뜻으로 출제된다면? 기존에 알고 있던 뜻으로 아무 생각 없이 읽거나, 혹은 뜻이 통하지 않아 당황하게 될 겁니다.

연착륙Soft-Landing

사례 15

1. 〈항공〉 비행하던 물체가 착륙할 때, 비행체나 탑승한 생명체가 손상되지 아니하도록 속도를 줄여 충격 없이 가볍게 내려앉음.
2. 〈경제〉 경기가 과열될 기미가 있을 때에 경제 성장률을 적정한 수준으로 낮추어 불황을 방지하는 일.

예를 들어, 연착륙은 항공 분야에서만 쓰지 않습니다. 사전 뜻풀이에서 보듯 경제 분야에서도 쓰입니다. 사전에는 없지만, 요즘은 목표에 무사히 도달하는 모든 장면에 연착륙을 씁니다.

만약 자녀가 항공 분야의 의미로만 '연착륙'을 안다면, '최저임금 인상 연착륙 위한 보완책 필요하다'(부산일보, 2018년 1월 8일자)를 읽으며 갑자기 비행기가 떠올라 순간 어리둥절할 겁니다.

따라서 같은 단어를 가급적 다양한 문맥에서 접해 보는 게 중요합니다. 가장 쉬운 방법이 바로 독서고요. 다양한 분야의 책을 통해 한 단어가 조금씩 다른 뜻으로 쓰인 문맥을 접하게 됩니다. 그런 과정을 거치며 머릿속 다의어 창고가 더욱더 풍성해질 겁니다.

어떤 부모님의 고민

아이가 한 분야의 책만 읽어요.
이래도 괜찮을까요?

아이가 한 분야의 책만 읽는다고 고민하는 부모님들이 종종 계신데, 이에 대한 답변도 되었으리라 생각합니다.

어휘력 측면에서 봤을 때는 다양한 책을 읽는 게 낫습니다. 특정 분야의 책만 읽으면, 특정한 뜻만 습득하기 쉽기 때문입니다.

예를 들어, '환원'이라는 단어에 대해 얼마나 알고 계신가요? 과학책에서는 산화의 반대말로, 산소를 잃거나 수소를 얻는, 또는 전자를 얻는 현상을 가리킵니다.

하지만 철학책에서는 전체를 부분의 합으로 이해하는 것을 가리키고, 신문에서는 재산을 기부한다는 뜻으로도 씁니다.

이런 뜻을 다양하게 두루 알아야 시험을 치든, 사회에 나가든 문제가 없습니다.

**어휘의 70%가 한자라는데,
한자 공부를 시켜야 할까요?**

어휘의 중요성을 이야기하면, 일단 한자를 공부시켜야 한다고 생각하는 어른들이 많습니다. 결론부터 말씀드리면, 전혀 그럴 필요 없습니다. (초등학생 대상 한자교재, 학원, 방문학습이 왜 이렇게 성행했고 또 현재도 성행하는지도 잘 모르겠습니다.)

이유는 두 가지입니다.

첫 번째 이유는 한자를 몰라도 아무런 문제가 없기 때문이고,

두 번째 이유는 단어의 의미가 한자에 구속되지 않기 때문입니다.

"한자졸업요건을 취득한 226명 중
'고려대학교'를 한자로 쓴 응답자는

26.5%(60명)"

한자능력 2급 자격증, 또는 교내 한자시험을 통과한 고려대학교 학생들을 대상으로 물어봤더니, 27퍼센트는 '고려대학교'를 한자로 쓰지도 못하고, 50퍼센트는 '賊反荷杖(적반하장)'을 읽지도 못합니다. 그냥 고려대학교 학생이 아니라, 한자시험을 통과한 학생들 수준이 이렇습니다. 다들 한자 잘 모릅니다. 그래도 잘 삽니다. 사실 저도 한자를 잘 모릅니다. 1부터 10까지 한자로 쓰는 것도 어떨 땐 자신이 없습니다.

그래서 예전에는 고려대학교 공통 졸업 요건으로 한자능력 2급 취득이 있었는데, 총학생회 요구로 2011년부터 단과대별 자율로 바뀌었습니다. 한자가 꼭 필요한 시대가 아니니까요!

단어의 의미는
한자에 구속되지 않는다

한자를 몰라도 되는 결정적 이유는 한자어의 의미가 한자에 구속되지 않기 때문입니다. 즉, 한자를 안다고 해서 그 한자로 이루어진 한자어의 뜻을 도출할 수 없는 경우가 많다는 것입니다. 전문용어일수록 더 그렇습니다. 심지어 법률 용어조차도요.

일반인들은 피고被告와 피고인被告人을 헷갈려 합니다. 그래서인지 국어 시험 출제자들도 실수하곤 하는데, 법률적으로는 천지차이입니다. 피고는 민사소송에서 소송 당한 사람이지만, 피고인은 형사소송에서 검사에 의해 공소 제기를 받은 사람을 뜻합니다. 단지 사람 인人이 추가되었을 뿐인데, 의미 차이는 '사람'과 별 관련이 없습니다.

한자를 몰라도 되는 결정적 이유

영화 〈변호인〉 보셨나요? 천만 명 이상이 본 영화입니다. 재미와 감동이 함께 담겼습니다. 그런데 영화 제목이 '변호사'가 아니라 '변호인'입니다. 낯설지 않으신가요? '변호인'은 '피고인'과 관련이 있습니다. 일반적으로 피고인은 검사에 비해 법률 지식이 부족하겠죠? 사법고시나 변호사시험을 통과한 검사와 범죄 혐의자가 법적 다툼을 하면 일방적으로 피고인이 불리할 겁니다. 이런 불공평함을 막기 위해 피고인은 보조하는 사람으로 변호인을 둘 수 있습니다. 단, 변호인은 변호사 중에서 선임해야 합니다. 그래서 '변호인 변호사 송우석'과 같이 표현됩니다. 참고로 이 내용은 초등학교 6학년 2학기 사회 교과서에 나오는 내용입니다.

한자를 몰라도 되는 결정적 이유

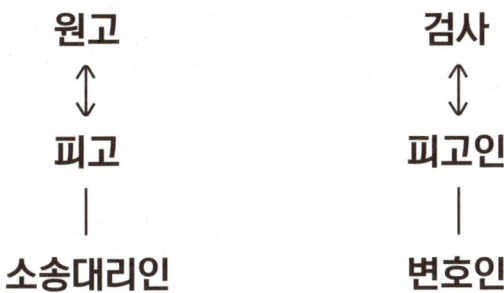

그런데 민사소송도 법적 다툼이니 피고와 원고를 대신(대리)하여 법적으로 싸워 줄 누군가가 필요하겠죠? 따라서 이럴 때는 '소송대리인 변호사 송우석'처럼 표현합니다.

여기까지 이해했으면 영화 〈변호인〉 제목만 보고도 대충 다음과 같은 내용을 예상할 수 있습니다.

"범죄를 실제로는 저지르지 않았지만, 범죄 혐의를 받고 있는 피고인이 등장할 것이다. 그리고 제목에서 알 수 있듯이, 피고인을 변호하는 변호인이 주인공일 것이다!" 영화를 아직 안 보셨다면 피고인, 변호인이라는 개념을 염두에 두고 감상해 보길 추천합니다.

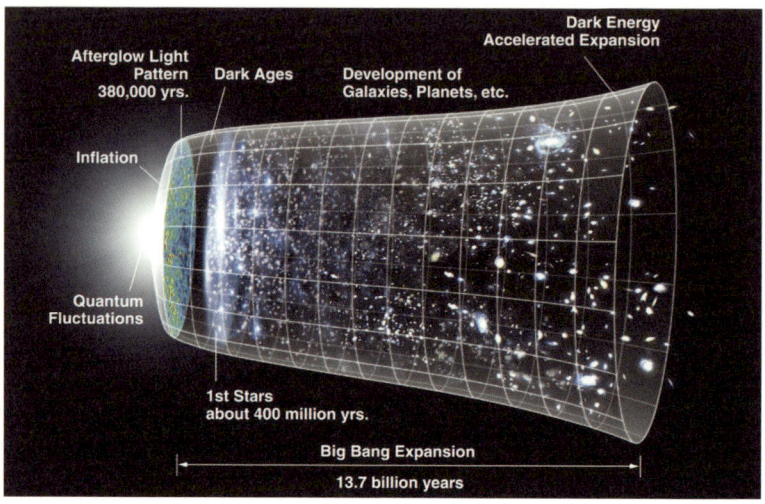

좀 더 쉬운 사례를 들어보겠습니다. 우주는 집 우宇, 집 주宙로 이루어진 말입니다. 옛사람들은 우주를 가장 큰 집과 같다고 생각한 것 같지만, 이는 현대의 우주관을 이해하는 데 아무런 도움이 안 됩니다. 오히려 방해가 될 수도 있습니다.

상단의 사진은 현대과학이 바라보는 우주를 압축적으로 설명한 것입니다. 한번 볼까요? 의외로 집과 공통점이 별로 없습니다. 집 밖에는 공간이 있지만 우주 밖에는 공간이 없습니다. 집은 팽창하지 않지만, 우주는 지금도 점점 빠르게 팽창하는 중입니다.

지금은 이런 내용이 고등학교 과학시간에 다뤄질 만큼 보편화됐습니다. 하지만 처음 이 사실을 밝혀낸 사람들은 어땠을까요?

노벨상을 탔을 정도로 획기적인 발견이었습니다. 이 정도 되면 우주를 가리키는 용어로 '우주' 말고 다른 단어를 쓰는 게 더 적절한 것 같습니다. 하지만 사람들은 단어는 그대로 두고 뜻풀이를 바꿔서 사용해 왔습니다. 그게 혼란이 적거든요. 비슷한 사례로 원자原子가 있습니다.

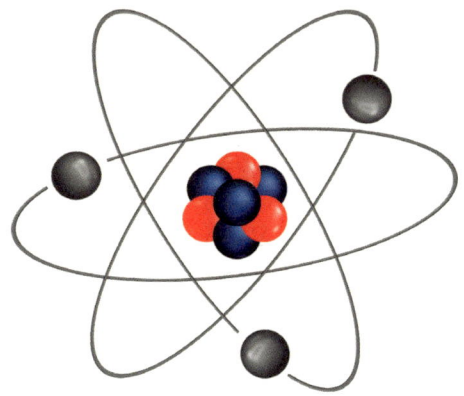

원자의 한자 의미는 근원이 되는 입자라는 뜻입니다. 하지만 원자는 전자, 양성자, 중성자로 구성되고, 양성자와 중성자는 다시 3개의 쿼크라는 입자로 구성된다는 사실이 밝혀졌습니다. 요즘 고등학교 1학년들이 배우는 내용입니다! 한자 뜻을 중요시한다면, 더 기본적인 입자에 '원자'라는 이름을 물려줘야 할 것 같지만 실제로는 그렇지 않습니다. 기존에 '원자'라고 불리던 것은 그대로 원자라고 부르고, 단지 뜻풀이를 바꾸는 것이죠.

모일 회(會)   모일 사(社)

회사 ≠ 사회

회사와 사회의 한자는 모일 회會, 모일 사社로 똑같습니다. 그런데 결합 순서가 뒤집히니 완전히 다른 뜻의 단어가 됩니다.

물론 어떤 분들은 '회사'랑 '사회'가 같다고 믿을 수도 있겠지만, 그건 개인의 가치관일 뿐, 일반적인 어휘 뜻풀이와 무관합니다.

이런 뜻 차이는 한자에서 비롯되는 것이 아닙니다.

특정 단어를 어떤 의미로 쓸 것인지는 사회적으로 어떻게 약속했냐에 달려 있습니다. 단어를 구성하는 한자를 뚫어져라 쳐다본다고 해서 알 수 있는 것이 아닙니다!

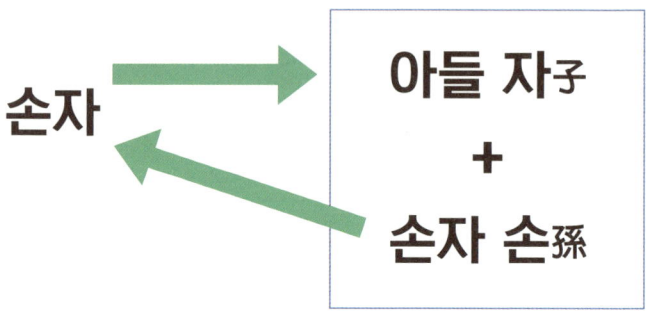

'손자'와 '자손'도 같은 한자로 구성되었는데, 순서에 따라 뜻이 달라집니다. 그런데 여기에는 더 큰 문제가 숨어 있습니다. 손자 손孫의 경우 한자로 접근하면 순환논리에 빠집니다. '손자'의 뜻을 이해하기 위해서는 '손자 손孫'을 알아야 합니다. '손자 손孫'의 뜻을 알기 위해서는 거꾸로 '손자'의 뜻을 알아야 합니다.

결국 한자가 아닌 다른 경로를 통해 먼저 '손자'의 뜻을 확정해야 합니다. 물론 다른 경로는 우리가 일상에서 쓰는 문맥이고요.

순환논리에 빠지는 사례로 감독監督도 있습니다. 볼 감監과 감독할 독督으로 이루어져 있거든요. '감독할 독督'을 알기 위해서는 '감독하다'를 알아야 하고, 다시 '감독하다'를 알기 위해서는 '감독할 독督'을 알아야 합니다.

무죄자 방송放送할새

출처 : 『춘향전』

내일 방송放送 놓치지 마!

2011년 9급 공무원 시험에도 나온 사례입니다. 방송국 할 때 '방송'이 옛날에는 좀 다른 의미로 쓰였습니다. 첫 번째 줄은 죄 없는 자를 감옥에서 나가도록 풀어 준다는 뜻입니다.

그런데 일본에서 broadcasting을 방송放送으로 번역했고, 우리나라에 들어오면서 지금의 뜻이 됐습니다. 참고로 JTBC, SBS, MBC, KBS 등 '방송'국에 들어가는 B는 모두 broadcasting을 의미합니다.

한자어의 의미가 한자에 구속된다면 이런 현상은 있을 수 없을 겁니다. 하지만 언어는 시간에 따라 뜻이 확대되거나, 축소되거나, 혹은 다른 뜻으로 이동할 수 있습니다.

결국은 사람들이 단어를 어떻게 쓰는지, 그 문맥이 중요합니다.

고려, 조선 시대에, 관료 체제를 이루는
동반과 서반을 아우르는 말

점잖고 예의 바른 사람, 남편, 남자

'양반'도 한자만으로는 뜻을 알 수 없는 단어입니다. 보다시피, 지금은 원래 뜻과 많이 달라졌죠.

여담으로, '병신'을 이야기해 보겠습니다. '병신'은 병 病과 몸 신身이 결합한 단어입니다. 그런데 한자에 주목해서, 아픈 사람에게 '병신'이라고 하면 큰일 나겠죠?

'병신'은 욕설로 쓰일 만큼 단어가 오염되어 있기 때문입니다. 다른 단어가 다 그렇듯, '병신'의 뜻을 온전히 알려면 어떤 문맥에서 쓸 수 있고, 또 쓸 수 없는지를 알아야 합니다.

고사성어

- 새옹지마(새옹의 말)
- 각주구검(배에 새기고, 칼을 구하다)
- 와신상담(몸을 눕히고 쓸개를 맛보다)
- 사면초가(네 면에서 초나라 노래)
- 당랑거철(사마귀가 바퀴를 막는다)

고사성어는 옛이야기에서 유래한, 한자로 이루어진 말입니다. 그런데 이런 단어는 한자를 아무리 잘 알더라도 이야기를 모르면 뜻을 알 수 없는 경우가 많습니다. 화면의 괄호 안에 있는 뜻은 한자어를 그대로 푼 건데, 이것으로는 이 단어를 이해할 수도, 활용할 수도 없습니다.

해당 이야기를 알아야 그 뜻을 온전히 알 수 있습니다. 또는 정확한 뜻은 몰라도, 이런 상황에서 누가 이렇게 말한다는 것을 보며 자신도 비슷한 상황에 처했을 때 똑같이 말하는 방식으로 사자성어를 적절하게 사용할 수 있습니다.

다양한 문맥 경험을 위한 세 가지 경로

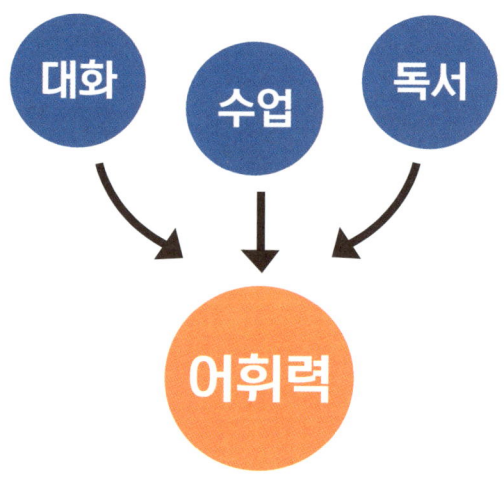

자녀의 어휘력을 키우려면, 다양한 문맥을 경험할 수 있도록 해 줘야 합니다. 문맥을 경험하는 경로는 크게 세 가지가 있습니다. 대화, 수업, 독서입니다. 각각의 경로에 따라 부모님이 어떻게 관심을 가져주면 좋을지, 하나씩 이야기해 보겠습니다.

모를 법한 단어
대화 중에 섞어 쓰기

대화는 어휘를 늘리기 매우 쉬운 방법입니다. 상대방이 모르는 단어를 쓰면, 무슨 뜻인지 물어보면 되니까요. 근데 또래들끼리 대화로는 한계가 있습니다. 서로 아는 단어가 비슷하기 때문에, 새로운 단어를 습득하기가 어렵습니다. 어른들과 대화해야 다양한 단어를

접할 수 있고, 가장 가까운 어른이 바로 부모님입니다. 자녀 입장에서도 모르는 단어를 물어보기에 부담도 없고요. 사례1에서 다룬 '기꺼워하다' 같은 단어는 부모님이 아니면 다른 경로로 접하기는 정말 어려운 단어입니다. 이런 단어들을 부모님이 일상에서 종종 섞어 써주세요. 그리고 무슨 뜻인지 물어보세요. 사례를 보여드리겠습니다.

부모 방학 계획은 융통성 있게 짜는 게 좋아.

자녀 응.

부모 그런데 '융통성'이라는 단어 뜻 알아?

자녀 웅… 잘 모르겠는데.

부모 그때그때 상황에 따라 일을 적절하게 처리한다는 뜻이야. 예를 들어, 내일 우리 공원에서 운동하기로 했지? 근데 비나 눈이 막 와. 그래도 공원에 나가서 운동하는 건 융통성이 있는 걸까, 없는 걸까?

자녀 융통성이 없는 거?

부모 맞아. 그러면 이제 계획을 융통성 있게 짜려면 어떻게 해야 할지 같이 생각해 보자.

부모 오랜만에 친척들 만나니 정말 기꺼운 시간이었어.

자녀 응? '기꺼운'이 뭐야?

부모 '기쁘다'라는 뜻이야. 이 단어 처음 들어 보니?

자녀 응. 친구들 중 이런 단어 아무도 안 써.

자녀가 아직 어리다면 뜻을 바로바로 알려 주셔도 됩니다. 하지만 초등학교 2학년 이후라면 사전 앱을 통해 뜻을 찾아보게 해주세요. 물론 이렇게 하려면 사전에 부모님께서 먼저 공부를 해 두셔야 합니다. 부모도 모르는 단어 뜻을 자녀가 알길 기대할 수는 없겠지요!

사례16은 고시생들이 푸는 문제인데, 어렵지 않아서 가져와 봤습니다.

사례 16

> 고려 현종 1년 11월 16일 거란의 왕 성종은 직접 40만 대군을 이끌고 압록강을 건너 고려에 쳐들어 왔다. 이듬해 정월에 수도인 개경이 함락되었다.

② 압록강을 건너 고려를 침공한 지 석 달이 되지 않아
　거란군은 고려 수도를 함락시켰다.

출처 : 2016년 행정고시 1차 언어논리 4책형 1번

이 문제를 풀려면 '정월'이 언제인지 알아야 합니다. 정월은 음력 1월을 뜻합니다. 그래서 선지는 지문과 일치합니다. 살면서 '정월 대보름'이라는 단어를 수백 번은 들어 봤죠? 그런데 그 명문대를 다니며 고시를 준비하는 분들임에도 '정월'을 몰라 헷갈린 경우가 많

았습니다.

부모님들께서 일상에서 짚어 줘야 할 단어가 바로 이런 단어입니다. 아이가 흔히 듣고 쓰는 단어에 대해 "그런데 그게 무슨 뜻인지 알아?"라고 불쑥불쑥 물어봐 주세요. 모르겠다고 하면 반드시 사전을 찾아보게끔 해주시고요.

이런 관심이 훗날 아이의 점수로 결실을 맺을 겁니다.

효율적,
효과적

여담이지만, 제가 어렸을 때, 아버지께서 '효율적'과 '효과적'의 차이를 상세히 설명해 주신 적이 있습니다. 회사 보고서에 이를 바꿔 써서 상사 분께 야단맞았다면서요.

'효율적'은 투입 대비 더 큰 결과, 또는 같은 결과 대비 더 적은 투입에 쓰는 말이고, '효과적'은 투입은 신경 쓰지 않고 결과가 더 좋을 때 쓰는 말이라고요.

예를 들어, 공부시간–시험점수를 따져 보니 A는 2시간 공부해서 80점, B는 10시간 공부해서 90, C는 50시간 공부해서 100점을 받았습니다. 이때 효율적인 것은 A가 1등(시간 당 40점), C가 꼴등(시간당 2점). 하지만 효과적인 것은 단연 100점 받은 C가 1등이라고요.

이렇게 부모님이 대화로 재미있게 해 주신 설명은 20년이 지나도 잊히지 않는답니다.

수업

사례 17

해프닝은 우리 삶의 고통이나 희망 등을 논리적인 말로는 더 이상 전달할 수 없다는 것을 내세운다. 이러한 해프닝의 발상은 미술의 콜라주, 영화의 몽타주와 비슷하고, 삶의 부조리를 드러내는 현대 연극, 랩과 같은 대중 음악과도 통한다.

출처 : 2003학년도 수능 국어영역

다양한 문맥을 접할 수 있는 두 번째 경로는 학교 수업입니다.

국어 수업만을 가리키는 게 아닙니다. 자녀가 배우는 모든 과목이 다 해당됩니다. 사회, 과학은 말할 것도 없고, 음악, 미술, 실과도 다 해당됩니다. 예를 들어 콜라주나 몽타주는 초등학교 미술 교과서에 소개되는 용어입니다. 콜라주는 화면에 인쇄물, 천, 쇠붙이, 모래,

사진 따위를 오려 붙여서 작품을 만드는 것을 가리키는데, 보다시피 수능 국어영역에 설명 없이 바로 지문에 등장했습니다.

이밖에도 풍속화, 수묵 담채화, 농담, 콜라주, 몽타주, 스타카토, 장조, 단조, 트랜지스터, 전동기, 발광 다이오드 등은 초등학교 음악, 미술, 실과 교과서에 소개되는 개념들입니다.

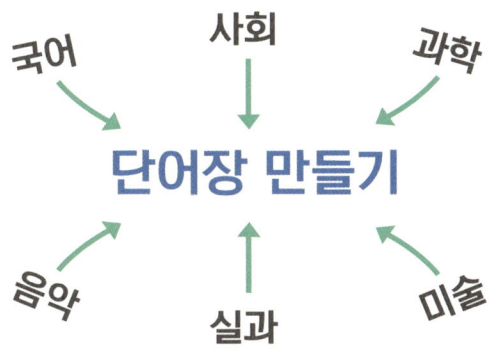

이 정도는 상식이라고 보기 때문에 수능 국어영역에 아무런 설명 없이 등장하곤 합니다. 그래서 초등학교, 중학교 때 공부를 소홀히 한 학생이 고등학교 와서 열심히 공부하려고 하면, 이런 어휘들 때문에 어려움을 겪는 경우가 많습니다. 따라서 자녀가 교과를 통해 필수로 알고 있어야 하는 단어를 잊지 않도록 관리하는 것이 중요합니다.

학교나 학원 갔다 오면, 그날 배운 새로운 개념들을 단어장에 쓰게 해 주세요. 매일 채집하듯이 3~5개 이상씩요. 자연스럽게 복습 효과도 날 겁니다. 엑셀 파일을 만들어서 거기에 단어를 입력하는 것도 좋습니다. 이런 과정과 결과물이 1년, 2년 쌓이면?

공부에서나 사회생활에서나 일상생활에 이르기까지, 자녀의 무궁무진한 경쟁력이 될 겁니다!

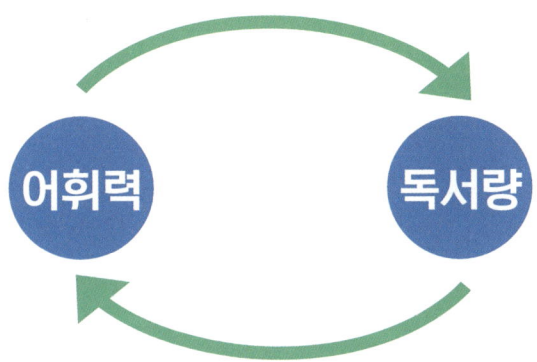

다양한 문맥을 접할 수 있는 마지막 경로는 바로 독서입니다. 독서는 대화나 수업보다 훨씬 많은 어휘를 흡수할 수 있는 통로입니다.

그런데 어휘력과 독해력은 일방적인 관계가 아닙니다. 독서를 통해 어휘력을 키울 수 있고, 거꾸로 어휘력을 키움으로서 독해력을 강화할 수도 있습니다. 어휘는 독해의 재료가 되기 때문입니다.

어휘력이 뒷받침된다면 수준이 있는 책도 부담 없이 읽을 수 있지만, 그렇지 않다면 독서 자체가 어렵고 재미없는 일로 다가옵니다.

사례 18

A국 대통령은 B국에 유화적 태도를 취했지만, C국은 배척하는 움직임을 보였다. 독단적인 그의 태도에 많은 지지자들이 지지를 철회했다.

유화적 상대를 용서하고 사이 좋게 지내는
배척 따돌리거나 거부하여 밀어 내침.
독단적 남과 상의하지 않고 혼자서 판단하거나 결정하는
철회 이미 제출하였던 것이나 주장하였던 것을 다시 회수하거나 번복함

이 정도 글은 중고등학교 시험이나 신문에서 충분히 나올 만한 수준입니다. 그런데 자녀가 '유화적', '배척', '독단적', '철회'의 뜻을 모른다면? 소리 내어 읽을 수는 있지만, 무슨 뜻인지 이해가 안 가서 답답할 겁니다. 책이었다면 바로 덮어 버릴 겁니다. 이렇게 책을 덮으면 수준 있는 어휘를 접할 일은 더욱 줄어들겠죠.

이런 일을 막으려면, 어릴 때부터 점진적으로 수준을 올려 가며 책을 읽어 나가는 것이 필요합니다. 어휘력과 독해력을 동반 상승시키는 것이죠. 만약 자녀가 이 시기를 게을리 보내게 되면, 특히 고등학생이 되었을 때 꽤 고생하게 됩니다. 나중에 열심히 하더라도, 어렸을 때부터 많은 독서를 해 온 친구들에 비해 뒤처지기 쉽고요.

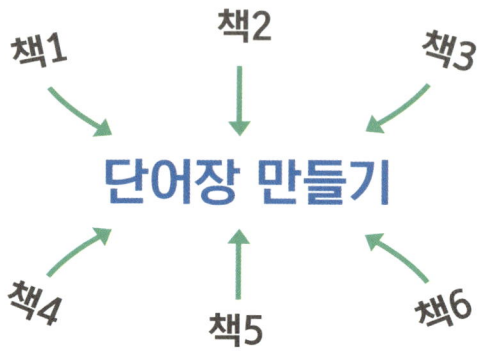

책을 읽으면서 뜻을 잘 모르는 단어를 만나면 역시 단어장에 '채집'하게 해 주세요. 그리고 사전에서 뜻풀이를 검색해 보면 되겠죠? 다시 한 번 강조하지만, 단어의 뜻풀이는 눈으로만 읽게 하면 되고, 손으로 옮겨 적을 필요는 없습니다.

이후 일주일에 한 번씩 단어장을 같이 보며, 물어보세요! 어떤 뜻인지 아냐고. 뜻을 주관식으로 답하지 못해도 괜찮습니다. 그럴 때는 그 단어를 넣어 예문을 만들어 보라고 하세요. 적절한 예문을 만들 수 있다면 통과입니다. 만약 통과하지 못했다면 V 표시한 뒤, 다시 사전에서 뜻을 찾아 읽어 보라고 해 주세요. (이때도 뜻을 옮겨 적게 하지 마세요!)

이런 과정이 반복되면 자연스럽게 뜻을 기억하게 될 겁니다.

3장

자녀의 어휘력을 키우는
실전 활용법

초등 전학년 & 전과목 교과서에서 추려낸 초등 필수어휘

한자 없이 한자 뜻 느끼기
낯선 우리말
헷갈리기 쉬운 단어
동음이의어
필수 관용 표현
교과개념 엮어 읽기

아는 것 같지만 실은 모르는 단어 '권력'

'권력'의 뜻이 뭘까요? 쉽게 '힘'이라고들 답하는데, 그렇다면 점수는 50점입니다. 한자로 뜻을 풀어도 알 수 없습니다. 권세는 권세 권權+힘 력力인데, '권세'는 권력+세력입니다. 순환논리죠. 결국 사전을 봐야 합니다. 그러면 "남을 복종시키거나 지배할 수 있는 공인된 권리와 힘"이라고 나옵니다. '복종', '지배'라는 단어가 핵심입니다.

관련하여 문재인 대통령이 다음과 같이 말한 적 있습니다.

"헌법에는 권력이라는 말이 단 한 번 나와요. '모든 권력은 국민으로부터 나온다.' 그다음 나머지는 다 '권한'에 대한 겁니다. 대통령의 권한, 정부의 권한, 국회의 권한. 국민의 권력으로부터 부여받은 권한이 되는 거죠. 우리 헌법은 그런 용어를 아주 세심하게 쓰고있습니다." 문재인 · 문형렬(2017), 『대한민국이 묻는다』

부모님도 함께
사전을 찾아보자!

어떤가요? 권력은 수없이 들어 봤고 써 본 단어인데, 많이 낯설
죠? 이렇게 강한 의미인지 잘 몰랐을 겁니다. 그래서 이 단어가 수
능에 문제화 됐을 때 많은 학생들이 틀렸겠지요.

제가 이번 3장에서 제시하는 150개의 단어 중 이런 단어가 꽤 있
을 겁니다. 초등학교 전학년, 전과목 교과서를 훑으며 뽑아낸 단어
들인데, 분명히 알고 있다고 믿지만 제대로 모르는 단어가 많을 겁
니다. 그리고 정말로 모르는 단어도 있을 수 있고요.

당부드리고 싶은 것은, 귀찮으시더라도 최소한 여기 있는 단어만
큼은 자녀와 함께 사전을 찾아보며 그 뜻을 정확하게 익혀 보시라는
겁니다. 그래야 평소 대화에서 적확한 단어를 쓸 수 있고, 이것이 자
녀의 언어감각을 날카롭게 할 수 있습니다.

한자 없이
한자 뜻 느끼기

    사전을 찾다 보면 한자를 통해 설명하면 좋겠다는 생각이 곧잘 들
겁니다. 그런 유혹이 들면 해당 한자가 쓰인 다른 단어를 묶어서 알
려 주세요. 예를 들어, '협조'를 알려 주실 때 비슷한 단어로 동조, 방
조, 구조, 원조, 부조, 보조가 있는데, 다 돕는다는 뜻이 있다고 이야
기해 주는 거죠. 그러면 도울 조助를 몰라도, 자연스럽게 '조'가 들어
가면 돕는다는 뜻일 수 있겠구나 하고 자녀가 깨달을 겁니다.

    참고로 이 'O助' 시리즈 단어는 O에 해당하는 한자를 안다고 해도
각 단어의 차별적인 뜻을 구별하기 어렵습니다. 대화나 독서를 통해
구체적인 맥락으로 만나야 어떤 경우에 어떤 단어를 쓰는지 알 수
있게 되는 거죠. 그래서 한자 자체보다는 다양한 맥락을 접하는 게
중요한 것입니다!

'금' money

거금 큰돈

세금 국가가 강제로 거두는 돈

금리 돈에 붙는 이자

고리대금업자 돈을 빌려주고 높은 이자를 받는 사람

자녀와 돈에 대해 이야기를 해 보세요.

부모님 수입, 대출이자, 세금납부액 등 금전 상황을 자녀와 터놓고 이야기하는 것을 주저하지 마세요.

'급' give

배급 북한에 식량 배급이 끊어진 지 두 달이나 됐대.

보급 정부는 공해를 줄이기 위해 전기차 보급에 힘쓰고 있어.

보급로 전쟁에서 이기려면 적의 보급로를 차단해야 해.

지급 친구가 내게 돈을 빌리면서 이자를 지급하기로 약속했어.

급식 급식에 땅콩이 있으면 알러지 위험이 있어요.

줄 급給을 몰라도, 아래 단어들을 접하다 보면 '급'이 '주다'임을 자연스럽게 알게 될 겁니다. 아래 단어들은 사전적 정의보다 어떤 맥락에 쓰이고, 쓰이지 않느냐를 구분하는 게 더 중요합니다.

'루/누' dirty

누추하다 지저분하고 더럽다.

비루하다 행동이나 성질이 지저분하다.

남루하다 옷 따위가 낡아서 너저분하다.

집에 귀한 손님이 왔을 때 "이런 누추한 곳에 귀한 분이 오셨다"라고 하죠? 요즘은 이를 역전시켜서 "이런 귀한 곳에 누추한 분이"라고 농담하기도 합니다.

'등' same

등고선 지도에서 높이(해발고도)가 같은 지점을 연결한 선

등온선 일기도에서 온도가 같은 지점을 연결한 선

평등 차별 없이 같음

2012년 9월 16일, 민주통합당 대통령 후보 수락 연설에서 당시 문재인 후보자가 한 말이 유명하죠!

"기회는 평등할 것입니다.

과정은 공정할 것입니다.

결과는 정의로울 것입니다."

결과가 아니라 기회가 평등하다는 데 주목해야 합니다.

'안' / '면' face

안면(=면상=얼굴) 얼굴, 얼굴을 알 만한 친분

생면부지 한 번도 얼굴을 본 적 없어 전혀 모르는 사람/관계

면접 얼굴을 보며 만남

면담 얼굴을 보며 이야기함

외면 마주하길 꺼리어 얼굴을 돌림

안색(낯빛) 얼굴빛

이 정도 단어면 안, 면 모두 얼굴이라는 뜻을 가질 때가 있다고 확실히 이해할 겁니다.

'법' law

준법 법이나 규칙을 지킴

불법, 범법 법을 어김

범법자 법을 어긴 사람

대법원 한국의 최고 법원

헌법 모든 법의 근본이 되는 법

'-법' method

기법 기교와 방법

주법 달리기를 하는 방법

주법 악기를 연주하는 방법

운지법 악기 연주시 손가락 쓰는 방법

'비' secret

극비 절대 알려져서는 안 되는 비밀스러운 일

비법 비방 = 비결 = 비밀스러운 방법

비자금 비밀스럽게 관리하는 돈

비밀이라고 할 때 입술에 검지를 갖다대며 '쉿!'이라고 하죠? 이 느낌 그대로가 비밀을 뜻하는 '비'가 됩니다!

'빈' poor

빈민가 빈민가에서 태어났지만 부자가 된 사람들이 있어.

빈부 격차 빈부 격차가 심하면 어떤 문제가 생길까?

빈천 빈천할 때 나를 외면하지 않는 친구라면 믿어도 좋다.

이렇게 엮어 배우면 '빈'이 가난하다라는 뜻임을 알게 될 겁니다. 요즘은 빈민가 대신 슬럼slum 또는 슬럼가(slum+거리 街)라는 말도 자주 쓰죠.

'생-'

생고기 얼리지 않은 고기

생고생 하지도 않아도 좋을 공연한(=실속없는) 고생

생이별 어쩔 수 없는 사정 이별

생방송 미리 녹화 / 녹음하지 않은 방송

생장작 바싹 마르지 않은 장작

생맥주 열처리를 하지 않은 맥주

생쌀 익히지 않은 쌀

생지옥 살아서 겪는 지옥

'생'이 단어의 접두사로 붙을 때는 '○○이 아닌'이라는 의미로 쓰입니다. 맥락에 따라 어떻게 쓰이는지 위 단어를 알아 두면, 처음 보는 단어라도 대충 뜻을 추론할 수 있을 겁니다.

'인' human

인공물 사람이 만든 물체

인민 국가를 구성하는 사람들

인내천 사람이 곧 하늘 (천도교의 기본 사상)

인력거 사람이 끄는 수레

인류애 모든 사람에 대한 사람

증인 어떤 사실을 증명하는 사람

사람 인人을 몰라도, 이렇게 공부하면서 '인'이 사람이라는 뜻을 가질 때가 있다고 이해할 수 있습니다.

'차' the second/the next/vice-

차관 장관(1위) 바로 밑의 직위(2위)

차선 2위의 선

차악 2위의 악

차선책 최선책(1위) 다음가는 방책(2위)

차남 둘째 아들(2위)

차석 수석(1위) 다음(2위)

차기 다음 시기 차주 = 다음 주

'차'는 1 다음의 '2' 같은 느낌입니다.

눈여겨 볼 단어는 '차악'인데, 나쁘기로 순위를 매겼을 때 가장 나쁜 최악보다는 조금 덜 나쁜 2위의 악이라는 뜻입니다.

최악을 어떻게든 피하기 위해 어쩔 수 없이 차악을 선택하는 상황. 부모님이 겪으셨던 일이나 혹은 자녀가 겪는 일을 이야기하며 이 단어를 적절히 배치해 보세요.

이 '차'가 순우리말로는 '버금'에 대응됩니다. 으뜸 바로 아래를 버금이라고 합니다. 음악시간에 주요 3화음인 으뜸음, 버금딸림음, 딸림음을 배우는데, 이름을 보니 어떤 관계인지 어느 정도 감이 오겠지요?

폐

폐기물 재활용이 불가능한 폐기물은 땅에 묻거나 불에 태운다.

폐교 학생 수가 너무 적어 결국 내가 다녔던 초등학교는 폐교했다.

폐수 공장에서 흘러나온 폐수로 하천에서 악취가 난다.

폐지 비닐 코팅된 폐지는 재활용이 안 된다.

이외에도 '버리다, 못 쓰게 되다'라는 의미의 '폐'가 들어간 단어가
많죠? 묶어서 함께 알려 주세요.

'해' sea

해안 해변 = 해안가 = 해변가 = 바닷가

해양 넓고 큰 바다. 대륙의 대립어

해일 바닷물이 크게 일어서 육지로 넘쳐 들어오는 것

태양도 '해'라고 하는데, 바다도 '해'라고 한다고 알려 주세요.

'화' painting

'그림 화畫' 보다 글림(글로 그린 그림)이 더 직관적이죠?

삽화 이 책은 삽화가 예뻐서 마음에 들어.

삽입된 그림이라는 뜻입니다. 이 책에도 삽화가 꽤 있죠?

요즘은 '일러스트'라는 말이 보편화되어 어쩌면 이 용어를 더 먼저

배웠을지도 모릅니다. 함께 알려 주세요.

풍속화 김홍도와 신윤복은 대표적인 조선시대 풍속화를 많이 그렸어.

일상생활을 그린 그림을 가리킵니다.

채색화, 수묵화

채색화는 색을 칠한 그림이고, 수묵화는 색을 칠하지 않고, 먹의 농담(짙고 옅음)을 이용해 그린 그림입니다.

인물화, 풍경화, 추상화

인물화는 인물을 그린 그림, 풍경화는 풍경을 그린 그림, 추상화는 대상의 추상적 특징을 순수조형(점, 선, 면 등)의 요소로 풀어 낸 그림입니다. 아이들이 어릴 때 그린 그림은 대개 추상화에 가깝죠?

시화 시화의 시와 그림이 잘 어울려.

시에 그림을 곁들여 만든 그림 작품을 가리킵니다.

암각화 울산에는 암각화 박물관이 있대.

바위에 새겨진 그림입니다. 참고로 21세기에는 벽에 페인트 등으로 그리는 그림을 그라피티 아트graffiti art라고 하죠.

낯선 우리말

한자어가 70%?

"국어사전에 실린 단어의 70퍼센트가 한자어다!"라는 말 들어 본적 있으시죠? 그래서 한자 공부가 중요하다고요. 하지만 이는 과장된 내용으로, 실제로는 57퍼센트이며, 사전에만 있을 뿐 전혀 사용되지 않는 단어들을 제외하면 비율이 더 낮아집니다.

'푸른 하늘'에 해당하는 한자어는 궁창穹蒼, 벽락碧落, 벽소碧 , 소천所天, 창공蒼空, 창천蒼天, 청명青冥, 청천青天, 청허晴虛, 취공翠空 등 매우 많으나 이것들을 외운다고 독해력이나 글짓기 실력이 늘진 않죠.

이 단원에는 한자어에 집중하느라 놓치기 쉬운 우리말을 모았습니다. 어린 자녀들이 잘 모를 법한, 하지만 교과서에 실린 단어들입니다.

가장자리

이 꽃은 가장자리만 붉은 색이네!

'가장자리'와 '가녘' 둘 다 '둘레나 끝'을 의미하는 순우리말입니다.

'개-' fake

개떡 쌀가루가 아닌 보릿겨 등으로 만든 떡

개꽃 참꽃(진달래)와 비슷하지만 먹지 못하는 꽃

개나리 참나리(백합)와 비슷하지만 색깔이 다른 꽃

개살구 살구랑 비슷하게 생겼지만 더 신맛이 나는 열매

'개-'를 가짜로 해석하는 것은 공식적인 썰은 아니지만, 제 생각에 설득력이 꽤 있다고 생각하여 소개합니다.

떡은 쌀로 만드는데, 쌀이 아닌 다른 것으로 만들면 가짜떡(개떡), 참꽃과 비슷하지만 가짜꽃이라 먹을 수 없으니 개꽃, 참나리와 비슷하지만 가짜라서 개나리, 살구랑 비슷하지만 맛이 다른 가짜살구라서 개살구입니다. 설득력 있죠? 이런 식으로 '개새끼'를 설명하는 분도 있습니다. '가짜 새끼'라는 거죠. 아빠 입장에서 봤을 때 진짜 자식이 아닌 가짜 자식이라는 논리인데, 다른 문화권에서도 비슷한 욕설이 발견되는 경우를 보면 꽤 설득력 있는 이야기 같습니다.

겯다

1) 종이를 기름에 겯었다. / 일이 손에 겯었다.

2) 갈대로 바구니를 겯었다.

1)의 '겯다'는 기름 따위가 흠씬 배어들거나, 배어들게 하는 것을 뜻합니다. 이 뜻이 비유적으로 일이나 기술이 몸에 뱄다는 뜻으로도 쓰입니다.

반면 2)의 겯다는 씨(가로실)와 날(세로 실)을 서로 어긋나게 엮어 짜는 것을 가리킵니다.

고뿔

남의 염병이 내 고뿔만 못하다.

고뿔은 '감기'의 순우리말입니다.

예문의 속담도 자주 쓰이니 같이 알려 주세요.

남의 괴로움이 아무리 크더라도, 자신의 작은 괴로움보다 마음이

덜 쓰인다는 뜻입니다.(염병은 장티푸스를 가리키는데, 옛날에는 고열에 설사만

하다가 죽을 만큼 무서운 병이었습니다.)

굼뜨다

걸음이 그렇게 굼떠서 제시간에 도착하겠니?

동작이가 과정이 답답할 만큼 느리다는 뜻입니다.

굼벵이 같다고 표현해도 의미는 비슷합니다

나들목

OO 나들목에 차량 정체가 심하대.

    고속도로와 일반도로를 연결하는 인터체인지(입체 교차로)를 우리말로 순화한 단어입니다.

    백문이 불여일견!

    이동하다가 나들목을 만나면 이게 인터체인지, 나들목이라고 알려주세요.

'날-'

날강도 악독한 강도

날도둑(놈) 악독한 도둑

날고기 생고기

날장작 생장작

'날-'은 '생-'과 비슷한 부분이 있죠?

그렇다면 '날짐승'은 뭘까요? 순간적으로 헷갈릴 수 있습니다.

'날아다니는 짐승'입니다.

돌잡이

나는 돌잡이 때 붓을 잡았어.

아이가 태어난 날로부터 1년이 되는 날을 '돌'이라고 하죠?

예전에는 '돐'이라고 썼으나 지금은 '돌'로 통일됐습니다.

돌날에는 돌상을 차려서 그 위의 돈, 곡식, 붓, 책, 활 등을 아이가 잡게 하죠? 이를 바탕으로 아이의 운명을 점치고요.

이를 돌잡이라고 하는데, 부모님들은 잘 아시지만, 자녀분들은 기억이 안 나서 낯설 겁니다.

떡살

떡을 눌러 갖가지 무늬를 찍어 내는 판

쿠키모양 틀 같은 게 떡에도 있습니다.
'떡살'이라고 합니다.

띠앗

형제나 자매 사이의 우애심

'씨앗'과 발음이 비슷하지만 뜻이 많이 다르죠?

자녀를 한 명만 낳는 경우가 많기 때문인지 이 단어도 갈수록 잘 안 쓰이는 것 같습니다. 그래도 발음이 예뻐서인지 상호명으로 사용하는 곳이 종종 있으니, 혹 마주치게 된다면 뜻을 설명해 주세요.

마중물

"정부의 이러한 노력이 마중물이 되어
민간부문의 일자리 창출 노력이
촉진되기를 특별히 기대하고 요청합니다."

–문재인 대통령, 첫 국회 시정연설(2017.06.12.)

손님 맞이하러 나가는 것을 마중이라고 하죠?
마중물은 물이 오는 것을 마중 나가는 물입니다.
물을 길어 올리는 펌프는 펌프질 전에 물을 한 바가지
정도 넣어 줘야 내부 공기를 빼고, 수월하게 물을 길
어 올릴 수 있습니다. 물을 얻기 위해 먼저 물을
마중 나가게 한다고 하여 마중물입니다.

지금은 수도꼭지만 돌리면 물이 나오니 이런 펌프를 거의 볼 수 없습니다.

하지만 마중물이라는 개념은 비유적으로 계속 쓰이고 있습니다. 무언가를 얻기 위해 먼저 해야 할 사전작업, 혹은 치러야 할 희생, 대가 등으로 다양하게 쓰입니다.

미리내

은하수

은하수the Milky Way보다 미리내가 말이 예뻐서 그런지 상호명으로 도 왕왕 쓰이는 것 같습니다.

바투

나는 머리를 바투 깎고 다닌다.

두 대강의 거리가 가깝거나, 시간이나 길이가 아주 짧다는 뜻입니다.

한 교장 선생님이 해 주신 이야기가 있습니다. 고3 여학생이 머리를 삭발에 가깝게 바투 깎고 다녔다고요. 머리 말리는 시간을 아껴 조금이라도 더 공부하기 위해서였다네요. 결국 상위권 의대를 갔다고 들었습니다.

발밤발밤

나는 너와 발밤발밤 산책하는 게 좋아.

단어가 참 예쁘죠?

한 걸음 한 걸음 천천히 걷는 모양을 뜻합니다.

일상에서 한두 번 써 주시면 쉽게 기억할 겁니다.

사락사락

1) 아무도 없는 시골길엔 남자의 발걸음과 옷깃이
   사락사락 스치는 소리만 들렸다.
2) 사락사락 내리던 눈이 어느새 눈보라로 변해 있었다.

　무언가 자꾸 가볍게 쓸리거나 눈이 가볍게 내리는 소리를 나타낸 말입니다.

　사락사락은 소리를 흉내 내는 말(=의성어)이라서 시에도 곧잘 나옵니다. 의성어를 사용하면 청각적 이미지를 통해 시에 생동감을 줄 수 있기 때문입니다.

어깃장

못마땅한 말이나 행동

'어깃장 놓다'로 많이 쓰이죠?

상대방이 비협조적으로 나오거나 방해를 할 때 이런 말을 씁니다. 이 단어는 문학작품에도 많이 쓰이지만, 의외로 신문기사에도 자주 나옵니다.

저잣거리

가게가 죽 늘어서 있는 거리

문학작품에 참 많이 등장하는 어휘입니다. '시장통'도 같은 뜻입니다. 전통시장에 자녀와 갈 때 이 어휘를 자연스럽게 알려 주세요.

지청구

꾸지람, (까닭 없이 남을) 원망

뜻은 쉬운데, 단어를 들었을 때 '꾸지람', '원망' 등이 생각나지 않기 때문에 시험에 곧잘 나오는 단어입니다. 최근에는 2018년 9급 공무원 시험에도 나온 적 있고요.

저는 양말을 아무 데나 벗어 놓아서 어머니로부터 지청구(＝꾸지람) 듣기 일쑤였습니다.

(쇠)코뚜레

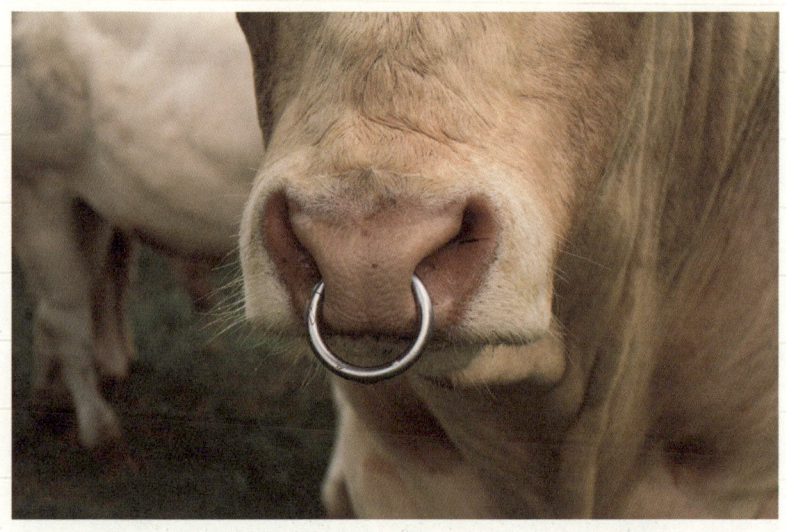

소의 코에 끼는 고리입니다.

"코뚫어"라는 느낌이 드니 어렵지는 않죠?

고삐를 코뚜레에 매기도 하고요.

풀무

대장간에서 쇠를 녹이기 위해 불을 피울 때 바람을 일으키는 도구

불에 바람을 넣어 주면 산소 공급이 원활히 되어서 불이 활활 타오를 수 있습니다. 이 열로 대장간에서 쇠를 녹이는 거고요.

홰

새가 홰에 올라앉아 있다.

'홰'는 새장이나 닭장 속에 새나 닭이 올라앉게 가로질러 놓은 나무 막대를 뜻합니다. 동물원에 가게 되면 '홰'가 뭔지 보여 주세요!

홰치다

닭이 홰치는 소리가 오늘따라 크게 들린다.

앞서 '홰'가 새나 닭이 올라앉게 가로질러 놓은 나무 막대였다면,
'홰치다'는 닭이 홰를 탁탁 치면서 우는 것을 뜻합니다.
초등학교 교과서 문학작품에 이런 표현이 종종 나옵니다.

00잠

새우잠 새우처럼 등을 구부리고 자는 잠

나비잠 두 팔을 머리 위로 벌리고 자는 잠

노루잠=토끼잠 깊이 들지 못하고 자주 깨는 잠

갈치잠=칼잠 비좁은 방에서 몸의 옆부분을 바닥에 댄 채로 자는 잠

조상들의 비유 능력이 참 재미있죠. 자녀가 어떤 자세로 자는지 이야기하며 자연스럽게 소개해 주세요.

호평 ⟷ 혹평

'호평'이랑 '혹평'은 ㄱ 하나 차이인데 뜻이 완전히 반대죠?

실제로 수능 시험장에서 호평을 혹평으로 잘못 이해해서 문제를 틀린 학생이 있었습니다.

이처럼 헷갈리기 쉬운 단어들은 한 번쯤 정리해 두지 않으면 중요한 때 실수할 수 있습니다. 여기서는 초등교과서에 나온 단어 중 헷갈리기 쉬운 단어 짝을 정리해 봤습니다.

갈음, 가름, 가늠

이 세 단어는 헷갈리기 쉬워서 시험에도 자주 나옵니다.

갈음하다 시험을 숙제로 갈음할 거야.

'갈음하다'는 '갈다(바꾸다)'의 명사형인 '갈음'에 '-하다'가 붙은 것입니다. 'A를 B로 갈음하다'와 같이 쓰입니다. '음'의 'ㅇ'이 모양이 비슷한 'ㅁ'으로 바뀌었다고 보면 안 헷갈릴 겁니다.

가름하다 승부차기로 승패를 ㈜가름하자.

'가름하다'는 '가르다(나누다)'의 명사형인 '가름'에 '−하다'가 붙은 것입니다. '판가름하다'도 여기서 나온 말입니다.

가늠하다 나무 높이를 가늠할 수 있겠어?

'가늠하다'는 목표/기준에 맞는지 안 맞는지 헤아려 보거나, 어림 잡아 헤아려 본다는 뜻입니다. 총을 조준할 때 쓰는 '가늠자/가늠쇠'도 이 단어에서 나왔습니다. '늠'을 눈eye로 보면 이해가 쉽고 헷갈리지 않습니다.

혹 자녀에게 설명해 주실 수 있다면 **'간음하다'**(배우자 이외의 사람과 성관계 하는 것)도 같이 알려 주세요. 드라마나 영화에 그런 상황이 자주 나오니 언급할 기회가 많을 겁니다.

강수량, 강우량, 강설량

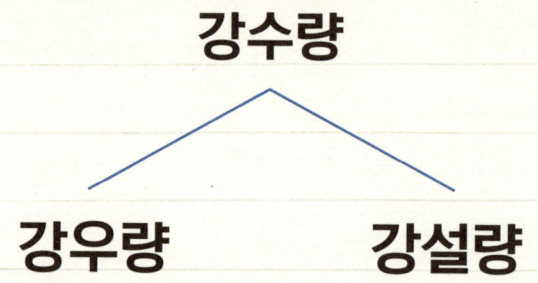

강수량

강우량   강설량

하늘에서 떨어지는 물을 관측한 값을 강수량이라고 합니다. 물이 비로 내리면 강우량, 눈으로 내리면 강설량이라고 하고요. 강수량이 적으면 가뭄이 들겠죠?

'강'은 ↓down이라는 이미지라고 알려 주며 하강(아래로 내려옴), 강등(등급을 내림), 강림(신이 세상에 내려옴)이라는 단어를 같이 알려 주세요.

마찬가지로 수water는 생수/홍수/하수도/상수도, 우rain는 우의/우산/우천(비 오는 날씨/하늘)/우기(1년 중 비가 가장 많이 오는 시기), 설snow는 폭설, 설원, 설야(눈 내리는 밤)를 같이 알려 주세요.

참고로 백설공주는 영어로 "Snow White"인데, '백설'은 이를 직역한 것입니다.

거름, 해거름

거름 화단에서 거름 냄새가 난다.

해거름 해거름이 되니 숙제가 끝났다.

식물에 주는 '거름', 해가 서쪽으로 넘어가는 때인 '해거름'.

뭔가 관련이 있을 것 같지만 뜻이 완전히 다릅니다.

'걸음'과 헷갈리지 않도록 주의해야 하고요.

거슬리다, 거스러미

거슬리다 볼펜 딸깍거리는 소리가 귀에 거슬려.

거스러미 손톱 옆 거스러미 잘라야겠다.

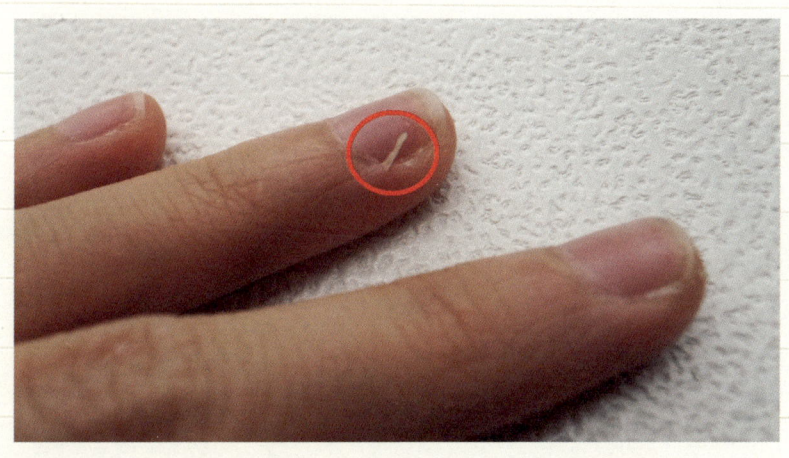

소리가 비슷하지만 뜻이 영 다릅니다.

'거스러미'는 정말 흔하게 접할 수 있는 건데도 모르는 분들이 많은 것 같습니다. 사진의 빨간 동그라미가 바로 거스러미입니다!

건장, 건강

건강하다 튼튼하다

건장하다 튼튼하고 기운이 세다

건장하다는 '기운이 세다'라는 뜻 때문에 주로 운동선수 느낌이 날 때 많이들 쓰는 것 같습니다.

결제, 결재

결제 카드로 결제하시면 1% 적립됩니다.

결재 용돈 인상을 결재해 주세요.

어른들도 결제와 결재를 많이들 헷갈려 합니다.

'결제'는 카드 결제에 쓰이는데, '제'의 'ㅔ'를 보면 카드 긁는 곳이

보이죠? 이렇게 기억하면 평생 안 잊어버릴 겁니다.

'결재'는 허가나 승인하는 것을 뜻합니다.

경직, 겸직

경직 뻣뻣하게 굳음

겸직 본래 맡은 일 외에 일을 맡아서 겸함

'경직'은 몸에도 쓸 수 있고, 마음에도 쓸 수 있습니다.

사람이 죽은 뒤 몸이 경직되는데, 이 경직 정도 등을 이용해서 사망시각을 추정하기도 합니다. 또한 융통성 없이 생각을 바꾸지 않을 때도 '생각이 경직됐다'라고 쓰죠.

'겸직'은 보통 겸직 금지라는 맥락으로 자주 쓰입니다.

일반적으로 공무원은 겸직이 금지되죠? 그런데 주택이나 상가를 빌려주는 사업자나 서적을 출간하여 작가가 되는 것은 허용하고 있습니다.

고학생

고학생 '고학생'과 '고등학생'은 다르다.

학비를 스스로 벌어서 공부하는 학생을 고학생이라고 합니다.

요즘은 국가장학금도 많이 나오고 해서 예전보다 부담이 줄긴 했지만, 여전히 고학생이 많습니다. 다만 요즘은 '대학생 알바' 등으로 표현하지, 고학생이라고는 잘 안 부르죠. 그래도 시험에도, 또 사회생활에서도 언제든 등장할 수 있기 때문에 따로 알아 둬야 합니다. 중학생−고학생(=고등학생?)−대학생'처럼 오해하기 쉬워서요.

실제로 외국인들이 한국어 배우는 사이트에 고등학생을 '고학생'이라고 부르면 안 되냐는 질문이 종종 올라오기도 합니다.

당연히 안 됩니다!

곪다, 곯다, 곯아떨어지다, 골골거리다

곪다 상처가 곪아서 고름이 나왔다.
곯다 홍시가 곯아서 아깝지만 버렸다.
곯아떨어지다 많이 피곤했는지 눕자마자 곯아떨어졌다.
골골거리다 어려서부터 골골거려서 병원을 집처럼 드나들었다.

'곪다'는 상처에 염증이 생겨 고름이 생겼다는 뜻인데, 비유적으로 '사회가 곪아 터졌다' 등으로도 쓰입니다.

'곪'에서 '고름'이 나왔다고 기억하면 안 헷갈릴 겁니다.

'곯다'는 속이 상했다는 뜻인데, 비유적으로 골병이 들었다는 뜻으로도 쓰입니다. "자취를 오래 해서 몸이 많이 곯았다." 이렇게요. 앓다(병에 걸려 고통을 겪다)와 같이 알게 해 주세요.

'곯아떨어지다'는 몹시 피곤하거나 술에 취해 자는 것을 가리킵니다. 띄어 쓰는 게 아니라 붙여 쓴다는 데 주의하세요.

'골골거리다 / 골골대다'는 시름시름 자주 앓는다는 뜻입니다.

공연, 공연히, 공공연하게

1) 발레 공연이 너무 멋졌어.

2) 공연히 고집을 피워 일을 망쳤어.

3) 그는 공공연하게 뇌물을 요구했다.

1)의 의미는 쉽게 아는데, 2)와 3)은 많이 낯설어 할 겁니다.

2)는 '쓸데없이'.

3)은 '거리낌 없이 떳떳하게'라는 뜻입니다.

3)의 '공공연하게'는 '공공연히', '공연히'로 쓸 수 있습니다. '공연 음란죄'의 '공연'이 바로 3)의 의미입니다.

금세

며칠 전에 깎았는데도 손톱이 금세 자랐네!

'금세'인지 '금새'인지 성인들도 헷갈려 합니다.

'금시에'를 줄인 말이라 금세라고 기억하면 좋아요.

껍데기, 껍질

껍데기 달걀 / 조개 / 굴 껍데기

껍질 귤 / 사과 / 양파 껍질

껍질
경
질
경

겉을 싸고 있는 물질이 단단하면 껍데기, 단단하지 않으면 껍질이라고 합니다. '돼지 껍데기', '조개 껍질'은 많이 쓰이긴 하지만 사실 잘못된 표현입니다. 질경질경 씹을 수 있는 건 껍질, 딱딱한 건 껍데기[껍떼기]라고 생각하면 평생 안 잊어버릴 겁니다.

너비, 넓이

생김새도, 발음도 비슷합니다.

하지만 '너비'는 가로 폭을, '넓이'는 가로×세로를 의미하죠?

헷갈리기 쉽습니다.

농약, 농약

농약 농악을 듣다 보면 신이 나!
농약 무농약 채소는 농약을 쓰지 않고 재배한 거야.

요즘 아이들은 농악(풍물놀이)을 들어본 적이 별로 없을 겁니다.
유튜브로 농악이 뭔지 들려줘 보세요.

농약을 살충제와 같은 말로 생각하는 분들이 많을 겁니다. 그런데
농약은 벌레를 죽이는 살충제, 병균을 죽이는 살균제, 농작물이 잘
자라게 하는 생장 촉진제, 작물 보호제 등을 포괄하는 말입니다.

댓돌, 맷돌, 짱돌

1) "낙숫물이 댓돌 뚫는다"는 속담처럼, 작은 일일지라도
꾸준히 하면 큰일을 이룰 수 있어.

2) 두부를 만들려면 일단 콩을 맷돌에 넣고 갈아야 해.

3) 짱돌을 던져 유리창을 깼다.

댓돌

댓돌은 옛날 집 지붕의 빗물이 떨어지는 곳에 댔던 돌입니다. 또는 옛 시골집에 가면 마루나 방에 들어가기 전 신발을 벗거나 발을 딛는 곳을 일컫기도 합니다.

맷돌은 유튜브로 검색하셔서 돌아가는 모습을 보여 주세요.

짱돌은 큰 자갈돌을 짱돌이라고 합니다.

도슨트, 큐레이터

도슨트 도슨트가 되기 위해서는 일정 기간 교육을 받아야 해.

큐레이터 큐레이터는 대중과 예술을 연결하는 역할을 해.

도슨트는 미술관, 박물관 등에서 자원봉사자로 일하며 일반 관람객들에게 작품, 작가 그리고 각 시대 미술의 흐름 따위를 설명해 주는 사람을 가리킵니다. 반면 큐레이터는 박물관이나 미술관에서 전시회를 기획하고 작품을 수집하고 관리하는 일을 합니다.

도화지, 도회지, 도읍지

1) 도화지에 너무 많은 물감을 바르지 마.

2) 사람은 길러 도회지로 보내라.

3) 조선은 한양을 도읍지로 삼았어.

1)의 도화지는 어려울 게 없죠?

2)의 도회지는 요즘 잘 안 쓰는 단어라 낯설어 하는 학생들이 많을 겁니다. 사람이 많이 살고 상공업이 발달한 번잡한 지역이라는 뜻인데, 쉽게 '도시'라는 뜻입니다. 시골과 대비되는 단어입니다.

3)의 도읍지는 한 나라의 서울(=중앙 정부가 있는 곳)로 삼은 곳을 가리킵니다.

동창, 동문, 교우

동문 = 동창 ⊂ 교우

　동문과 동창은 같은 학교에서 공부한 사람들을 가리킵니다. 단, '동창(생)'은 같은 학교를 같은 해에 다닌 사람을 가리키기도 합니다.

　교우는 같은 학교 다니는 벗이라는 뜻으로 재학생, 졸업생뿐만 아니라 교직원(교원+직원)도 포함합니다. 참고로 서울대는 동창회, 연세대는 동문회, 고려대는 교우회라는 이름을 쓴다고 하네요.

명암, 양달/응달

명암 밝음과 어둠, 기쁜 일과 슬픈 일, 행복과 불행

양달(양지) 볕이 드는 곳

응달(음지) 그늘진 곳

수묵화는 명암을 먹의 농담으로 표현합니다.

사진에서 양달과 응달이 어딘지 자녀에게 퀴즈로 내보세요.

번성, 반성

번성 이 지역은 번성했던 흔적이 남아 있다.

반성 친구와 싸운 것을 반성했다.

한 획 차이인데 의미가 많이 다릅니다.

번성은 창성, 번영, 번창, 성대 등과 비슷한 단어고, 반성은 성찰과 비슷한 단어입니다. 참고로 국어 시험에는 '반성', '성찰'이 매우 잘 나옵니다. 거울이나 우물 등을 통해 스스로를 바라보며 자신의 마음이나 삶을 살필 때 화자가 반성, 성찰한다고 합니다.

부릅뜨다, 무릅쓰다

부릅뜨다 안 된다고 하는 친구에게 눈을 부릅뜨고 말했어.

무릅쓰다 나는 어려움을 무릅쓰고 도전하겠어.

받침이 둘 다 'ㅂ'입니다! '무릎쓰다'로 착각하는 경우가 많으니 주의하세요! 곁다리로 '무릎'을 속되게 이르는 말인 '무르팍'도 알려 주세요. 여기에는 '무릎팍'이 아니라는 것도 같이요.

살지다, 살찌다

살지다 살진 땅에 살진 과일이 열린다.

살찌다 살쪄서 몸무게가 는 게 아니라 키가 커서 는 거야.

'살지다'는 '살찌다'의 오타가 아닙니다.

'살지다'는 '살이 많고 튼실하다'(살진 암소), '땅이 기름지다'(살진 땅),
'과일에 살이 많다'(살진 사과)처럼 긍정적으로 쓰입니다.

반면 '살찌다'는 몸에 살이 필요 이상으로 많다는 뜻이죠.

시해, 시혜

시해 부모나 임금을 살해함

시혜 은혜를 베풂

역사 공부할 때 곧잘 등장하는 단어입니다.

"왕이 시혜를 베풀었다"와 "왕은 총으로 시해됐다"를 헷갈려서는

안 되겠죠?

실업자, 실업가

실업가 그는 유명한 실업가이자 정치가이다.

실업자 그는 결국 실업자가 되고 말았어.

비슷한 말 같지만 뜻이 정반대인 두 단어죠! 뉴스에서 실업자 관련 이야기가 나올 때 은근슬쩍 '실업가(사업가)'도 곁들여 설명해 주세요. ('실업가'는 '실업자'와 헷갈릴 수 있어서인지 잘 안 쓰는 추세인 것 같긴 합니다.)

원경, 근경

1) 근경은 크게, 원경은 작게 그리면 원근감이 느껴져.

2) 이 시는 원경에서 근경으로 봄을 묘사하고 있다.

　2)는 2011학년도 수능 국어에 나온 선지인데, 원/근이 헷갈리면 선지 판단이 어렵겠죠? '근'의 'ㄱ'이 '가까이'를 뜻한다고 생각하면 쉽습니다.

　근경＝가까이 보이는 경치,

　원경＝멀리 보이는 경치,

　원근감＝멀고 가까운 거리에 대한 느낌.

　참고로 근시는 가까이 있는 건 잘 보지만, 멀리 있는 것을 못 보는 경우, 원시는 그 반대입니다.

유명 인사, 저명인사, 명사

유명 인사(=유명인), 저명인사, 명사는 모두 세상에 이름이 널리 알려진 사람을 뜻합니다. 간혹 '저low?명인사'를 안 유명하거나 (유명 인사보다) 덜 유명한 사람을 뜻한다고 착각하는 경우가 있는데, 유명 인사와 저명인사가 똑같은 말이라고 알려 주세요.

'명사'는 주로 '명사 (초청) 특강'처럼 많이 쓰입니다. 유명한 학자가 와서 강연을 한다는 뜻이죠.

요즘은 유명 인사 대신 '셀럽'이라는 말도 자주 씁니다. celebrity(유명인)의 줄임말인데, 주로 유명한/인기있는 연예인을 가리킵니다. '셀럽파이브'의 『셀럽파이브(셀럽이 되고 싶어)』를 들어 보면 뜻이 확 와닿을 겁니다.

임신부, 임산부

임신부 아이를 밴 여자

임산부 임부(임신부)와 산부(갓 출산한 사람)를 아울러 이르는 말

어떤 단어는 두 단어를 아울러 나타내는데, 마치 분배법칙과 같은 모습을 하고 있습니다.

$$(A + B) \times C = AC + BC$$

$$(임산)부 = 임부 + 산부$$

$$(보부)상 = 보상 + 부상$$

참고로 보부상은 보상(봇짐장수)＋부상(등짐장수)을 아울러 이르는 말입니다. 이런 구조의 단어로는 임직원, 교직원 등이 있습니다.

초등학교, 국민학교

요즘 학생들은 '국민학교'가 뭔지 모를 겁니다. 하지만 문학이나 기록에는 '국민학교'로 표기되어 있으니, 알긴 해야 합니다. 자녀에게 초등학교를 1995년 이전에는 국민학교라 불렀다고 알려 주세요. 그리고 그때는 토요일도 학교에서 수업을 했다고요.

초롱, 호롱

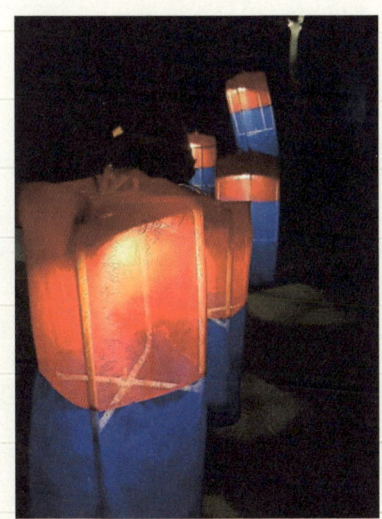 

　초롱은 이동용으로, 촛불이 바람에 꺼지지 않게 겉에 천 따위를 씌운 등입니다. 반면 호롱은 고정용으로, 석유를 담아 불을 켜는 등입니다. 호롱불은 호롱에 켠 불인데, 고전문학에 곧잘 등장합니다.

탐관, 탄광

탄광 석탄을 캐내는 광산

탐관, 탐관오리 백성의 재물을 탐내어 빼앗는 관리

광산에서 석탄 등을 캐내기 위해 굴을 파는데, 이를 갱/갱도이라고 합니다. 이 갱도의 막다른(=앞이 막혀있는) 곳을 막장이라고 하고요. 우리가 흔히 '막장 드라마'라고 하면 폭력/불륜이 난무하는 드라마를 가리키는데, 남의 직장을 붙여서 이렇게 말할 건 아니죠!

이 때문에 2009년 조관일 당시 석탄공사 사장은 "막장의 근무환경은 열악합니다. 어둡고 꽉 막혀 있습니다. 그러나 그곳은 결코 막다른 곳이 아닙니다. 막혀 있다는 것은 뚫어야 함을 의미합니다. 계속 전진해야 하는 희망의 상징입니다"라며, 막장을 부정적으로 쓰지 말아 줄 것을 당부하기도 했습니다.

162

　자녀가 탐관오리를 처음 접하는 맥락이 보통은 『춘향전』의 변학도일 겁니다. 물론 동화책이 아닌 현실에도 많이들 있고, 뉴스에도 종종 나오니 관련 뉴스가 나올 때 어휘를 설명해 주세요.

형제, 자매, 남매

형제 남자 형 + 남자 동생

자매 여자 언니 + 여자 동생

남매 남자 오빠 + 여자 동생, 여자 누나 + 남자 동생

학생들은 '자매결연'이 뭔지 어려워합니다. 지식인에 질문도 많이 하고요. 다른 지역/단체/학교 등이 서로 돕거나 교류하기 위해 관계 맺는 것을 가리킵니다. sisterhood relationship이 직역된 용어입니다.

O겹다

흥겹다 신나는 음악이 나오니까 흥겨워.

힘겹다 숙제가 너무 많아서 힘겨워.

눈물겹다 그 영화는 눈물겨운 이야기야.

역겹다 겉으로 고상한 척했던 그의 범죄 내역을 들으니 역겹다.

'겹다'라는 단어가 따로 있습니다.

"힘에 겨운 일", "흥에 겨워", "복에 겨워", "졸음에 겨워" 등으로 쓰이는데, 몇 단어는 이렇게 붙어 한 단어가 됐습니다.

O더기

누더기가 된 옷에 구더기가 무더기로 꿈틀거렸다.

예문에 세 단어를 모두 넣어 봤습니다. '누더기', '구더기'는 사전에 있지만, 정작 실제로는 보기 어렵죠. 혹 자녀가 한 번도 본 적이 없다면 검색해서 한 번은 보게끔 해 주세요.

O머리

끄트머리 끝

버르장머리 버릇

인정머리 인정

주변머리 주변

'- 머리'는 HEAD랑 아무 상관없습니다.

단어들에서 보듯, '- 머리'는 어떤 단어의 뒤에 붙어 '비하'의 뜻을 더합니다.

O쩍다

멋쩍다 소개팅이 처음이라 좀 멋쩍네요.

겸연쩍다 일이 약속한 대로 되지 않아 겸연쩍네요.

객쩍다 객쩍은 소리 좀 그만해.

수상쩍다 수상한 데가 있다.

의심쩍다 의심스러운 데가 있다.

미심쩍다 분명하지 못해 마음이 놓이지 않는다.

'멋쩍다', '겸연쩍다'는 공통적으로 어색하고 쑥스럽다는 뜻이 있습니다. 여기에 '겸연쩍다'는 미안하다는 의미가 추가되고요. '계면쩍다'로도 씁니다. '객쩍다'는 말이나 행동이 쓸데없고 싱겁다는 뜻입니다.

이 세 단어들은 맞춤법 문제로도 종종 나옵니다. '멋적다', '객없다'처럼 적으면 틀리다는 것도 같이 알려 주세요.

고사의 6가지 뜻

소리는 같되, 의미가 다른 동음이의어를 충분히 숙지해 두지 않으면 일상생활에서나 시험에서 실수하기 쉽습니다. 다른 뜻이 있는 것을 모르고, 자신이 아는 뜻으로만 해석하기 때문입니다.

예를 들어, '고사'는 6가지 뜻이 있습니다. 1 시험(중간고사/기말고사), 2 나무가 말라죽음, 3 거절함(출마 권유를 고사함), 4 유래가 있는 옛날 일(고사성어), 5 제사, 6 불가능(A는 고사하고 B도 못한다). 이 6가지 뜻 모두 잘 쓰이는데, 어느 하나라도 모른다면, 혼자 엉뚱하게 받아들일 수 있겠죠? 이번에는 초등학교 교과서에 있는 어휘 중 동음이의어가 있는 경우를 쭉 정리해 봤습니다.

가마

1) 옛날에는 시집갈 때 꽃가마를 타고 갔단다.

2) 쌀 한 가마(니)를 가마(솥)에 넣고 밥을 짓자.

3) 머리에 가마가 두 개나 있네? 머리 잘 감아.

'가마'의 뜻은 네 가지나 됩니다. 한꺼번에 알려 주지 마시고, 그 때그때 한 가지씩 알려 주시는 편이 혼란이 적습니다.

감사

1) 자신보다 불행한 사람을 보며 느끼는 감사는 가짜 감사야.

2) 감사원은 국가기관을 감사하는 역할을 하는 기관이야.

'고맙다'는 의미의 감사는 이미 잘 알겠죠?

하지만 '감독하고 검사하다'라는 의미의 감사는 잘 모를 겁니다.

뉴스에 관련 내용이 나올 때마다 언급해 주세요.

관용

1) 관용 차량을 사적으로 이용해선 안 된다.

2) 내가 겪은 일을 떠올리면 관용을 베푸는 게 쉽지가 않다.

3) 영단어를 외울 때는 관용 표현도 함께 공부해야 해.

쓰임이 전혀 다른 '관용'들이죠?

셋 다 간단한 개념은 아닙니다. 반복 학습하게 해 주세요.

1) 덧셈과 뺄셈은 '+'와 '−' 기호로 나타낼 수 있다.

2) 기호에 맞춰 소금이나 고춧가루 추가해 드세요.

부호라는 뜻의 기호는 수업시간에 배운 기호들부터 길을 걸으며 마주치는 표지판까지 다양한 예를 들어 설명할 수 있습니다.

선호를 뜻하는 '기호'는 낯선 단어일 테니 외식하며 메뉴를 고르거나 색상 등을 선택할 때마다 자연스럽게 접하도록 해 주세요.

나락

1) 실패를 계속하며 그는 절망의 나락에 떨어졌어.

2) 농사꾼들이 나락을 거두어들이고 있어.

    1)의 나락은 불교용어로 지옥을 가리키는데, 벗어나기 어려운 절망적 상황을 비유적으로 가리킬 때 더 자주 쓰입니다.

    2)의 나락은 '벼'를 가리킵니다. '귀신 씻나락(=볍씨=벼의 씨) 까먹는 소리'할 때도 '나락'이 쓰이죠.

농담

1) 농담도 잘하시네요.

2) 수묵화를 그릴 때는 농담 조절이 중요하다.

   1)의 농담은 조크joke입니다.

   반면 2)의 농담은 먹에 섞는 물의 양에 따라 달라지는 먹색의 진하고 연한 정도를 가리킵니다.

단장

1) 단장을 마친 신부는 정말로 아름다웠다.

2) "미안하다. 나 단장이야." 그러시고는 유유히 걸어가셨다.

1)의 단장(꾸밈)은 화장과 비슷한 뜻인데, 얼굴뿐만 아니라 머리, 옷차림, 건물, 거리 등에도 다 쓸 수 있습니다. '새롭게 단장한 놀이 공원'과 같은 표현도 가능하다는 거죠.

2)의 단장은 '~단'의 우두머리를 가리킵니다. 비행단의 우두머리도 단장, 합창단의 우두머리도 단장, 발레단 우두머리도 단장입니다. 참고로 2)의 예문은 제 개인적인 경험과도 관련이 있는데, 「국방일보」에 실렸던 글을 여기 일부 소개합니다.

"미안하다, 나 단장이야"

금상 이해황 중위 공군3훈련비행단

임관 후 헌병대대 소위로 갓 전입 왔을 때의 이야기다. 주말을 맞아 지형지물을 익힐 겸 비행단을 한 바퀴 뛰러 나갔다. 모자와 마스크를 쓴 어떤 '아저씨'가 산책을 하고 있었다. 주말에도 사람들이 남아서 운동을 하는구나 하며 그분을 앞질러 나갔다. 제법 뛰다가 전화 때문에 걷고 있는데 어느새 그 남성분이 나를 앞질러 뛰어갔다. 체력이 좋은 분이구나 하며 나도 뒤따라 뛰었다. 그러다 지나가던 차량을 화제로 그분과 이야기가 시작됐다.

소소한 이야기가 끊이지 않고 이어졌다. 군대 오기 전에 한 일, 훈련단 이야기, 결혼을 앞둔 여자친구 이야기까지. 아직 차가 없다고 하니 자신이 젊었을 때 자전거를 타고 다닌 경험도 생생하게 들려주셨다. 그렇게 둘이서 30분이 넘게 비행단을 돌며 이야기를 나누었다.

그러다 길이 갈라져서 헤어지게 됐다. 몇 발짝 가다가 그분이 뒤돌아 말을 던지셨다.

"미안하다. 나 단장이야."

그러고는 유유히 걸어가셨다. 그때부터 나는 정신적인 혼란과 충격, 소위 '멘붕'이 왔다. 말실수를 한 것이 있나 걱정돼 곰곰이 생각해 봤지만, 기억을 더듬어 보기에는 너무 많은 말을 쏟아 냈다. 혹시나 하는 마음에 일단 선임 장교들에게 이 상황을 보고하고, 남은 하루를 멍하게 지냈다.

많은 생각이 드는 밤이었다. 한 비행단의 지휘관이 일개 신임소위와 문턱 없이 대화를 나눠 주셨다. 이는 소대장 임무수행을 앞두고 어떤 리더십을 갖춰야 하는지 고민하던 내게 일종의 모범답안이었다. 단장님께서 소통, 경청의 리더십이 무엇인지 몸소 보여 주셨기 때문이다. 이후 어떻게 하면 나도 단장님처럼 격식 없이 소대원들에게 다가가 이야기를 들을 수 있을까 방법을 궁리했다.

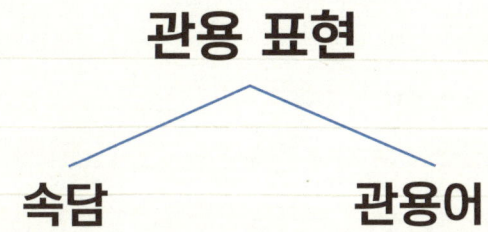

관용 표현은 1+1〈2인 경우를 뜻합니다. 단어 뜻을 단순 더하는 방식(1+1=2)과 다른, 새로운 뜻이 있을 때 관용 표현이라고 합니다.

예를 들어, "외국 물을 먹었다"가 수입 생수 에비앙을 마신 경우를 가리킨다면 관용 표현이 아닙니다. 그런데 이 말이 "외국 생활을 했다"는 뜻이라면 관용 표현으로 분류됩니다. 단어만 봐서는 이 뜻이 나오지 않기 때문입니다.

관용 표현은 크게 속담과 관용어로 나뉩니다. 속담이 관용 표현인 이유는 "개똥도 약에 쓰려면 없다" 같은 말을 정말로 한약방에서 약 만들 때 쓰는 게 아니기 때문입니다.

자세한 건 하나하나 읽으며 확인해 보겠습니다.

개똥도 약에 쓰려면 없다

속담은 옛날 문화를 바탕으로 만들어졌기 때문에 지금은 이해하기 어려운 경우가 종종 있습니다. 이 속담도 그런 경우입니다.

"평소에 흔하던 것도 막상 긴하게 쓰려고 구하면 없다"라는 뜻인데, 이 속담을 이해하려면 두 가지 상황을 상상해야 합니다.

1 개똥이 길에 흔했다,

2 개똥을 약에 썼다.

1은 요즘 상상하기 힘들죠? 개똥을 안 치우면 과태료가 10만 원 부과되니 다들 잘 치우잖아요. 길에 사는 개가 많은 것도 아니고요.

2도 이해하기 힘들 수 있는데, 한의학에서는 개똥을 약에 썼습니다. 실제로 『동의보감』에 흰개의 똥은 온갖 독을 풀어 준다고 쓰여 있고요. 요즘도 똥을 약에 쓸까 싶지만, 오령지(다람쥐 똥)는 요즘도 무월경/생리통/복통에 효과가 있다고 하여 생리통을 겪는 분들, 임산부에게 많이들 처방됩니다. (진짜인지 믿기지 않으시죠? '오령지'로 한번 검색해 보세요.)

고삐

고삐를 늦추다 ≒ 경계/긴장을 낮추다

고삐가 풀리다 ≒ 통제를 받지 않다

고삐를 조이다 ≒ 긴장하다/제약하다

고삐 풀린 말(망아지)

시험이 끝나자 학생들은 고삐 풀린 말처럼 놀았다.

말이나 소를 제어하기 위해 사용하는 '고삐'는 사람에게도 비유적으로 사용됩니다.

고생 끝에 낙이 온다

≒ 태산을 넘으면 평지를 본다

자녀에게 '물에 빠져도 정신을 차려야 산다'라는 말을 들려 줄 때 이 속담도 같이 알려 주세요.

어릴 때 '작은 고생/노력→작은 성공' 경험을 많이 만들어 주세요. 이런 경험이 자녀가 어른이 되어 큰 고비를 만났을 때, 절망하지 않고 뚫고 나갈 수 있는 힘이 되어 줄 겁니다.

구더기 무서워 장 못 담글까

다소 방해되거나 거슬리는 것이 있더라도 마땅히 해야 할 일은 해야 한다는 뜻입니다. 구더기가 생기면, 그때 처리하면 될 일이죠.

작은 것을 피하려다가 큰 것을 놓칠 수 있는 상황에서 이야기해 주세요.

구미(입맛)

구미가 당기다 ≒ 관심이 생기다

구미가 돌다 ≒ 관심이 생기다

입맛이라는 구체적 의미가 추상화되며 관심이라는 뜻으로 확장됩니다. 문학작품에는 같은 뜻으로 '회가 동하다'라는 표현도 곧잘 나옵니다. 배 속의 회충(기생충)마저 요동칠 정도로 구미가 당긴다는 뜻입니다.

'구미가 당기다/돌다'는 관용어가 아니라 말 그대로 입맛이 당긴다는 뜻으로 쓸 수도 있습니다.

군말이 많으면 쓸 말이 적다

'군밤'할 때 '군'은 '구운'이라는 뜻입니다.

반면 군말, 군살, 군소리, 군침의 '군－'은 '쓸데없는'이라는 뜻입니다. 즉, 쓸데없는 소리를 너무 길게 늘어놓지 말라는 뜻입니다.

꿩 먹고 알 먹는다

≒ **도랑 치고 가재 잡는다**

한 가지 일로 두 가지 이상의 이득을 볼 때 씁니다.

일석이조라고 하죠?

아시다시피 이 속담은 다양한 버전이 있습니다.

꿩 먹고 알 먹고, 둥지 털어 불때고, 도랑 치고 가재 잡고,

발 담그고 물구경하고, 마당 쓸고 동전 줍고,

누이 좋고 매부 좋고, 임도 보고 뽕도 따고.

나무를 보고 숲을 보지 못한다

≒ 하나만 알고 둘은 모른다

부분만 보고 전체를 보지 못할 때 씁니다.

교과 공부할 때도 이 말을 적용할 수 있습니다.

특히 한국사 공부할 때 특정 사건의 발생 연도 같은 것을 외우느라 큰 흐름을 파악하지 못하면, 좋은 성적을 거두기 어렵습니다.

낯(얼굴)

낯 두껍다 ≒ 뻔뻔하다

낯 뜨겁다 ≒ 창피하다 / 부끄럽다

낯간지럽다 ≒ 남 보기에 부끄럽다

낯없다 ≒ 미안하고 부끄럽다

낯을 들다 ≒ 떳떳하다

'낯= 얼굴'임을 먼저 알려 주신 후 설명해 주세요.

특히 부끄러운 상황일 때 자신도 모르게 얼굴이 뜨겁고 빨개지는

느낌을 연결 지으면 '낯 뜨겁다'는 쉽게 이해될 겁니다.

놓친 고기가 더 크다

≒ 제 떡보다 남의 떡이 더 커 보인다

이 속담에 대응되는 영어 속담으로는 "옆집 잔디가 더 푸르다The grass is greener on the other side of the fence"가 있습니다. 내가 가지지 못한 것, 남이 가진 것이 더 좋아 보이는 심리는 동서양이 똑같은 것 같습니다.

달면 삼키고 쓰면 뱉는다

옳고 그름이나 신뢰 관계를 저버리고, 이익인지 손해인지에 따라서만 행동하는 것을 가리킵니다. 똑같은 의미의 사자성어 '감탄고토'도 있습니다.

도끼로 제 발등 찍는다

남을 해칠 목적으로 어떤 행동을 했는데, 그 행동으로 인해 오히려 자신을 해치게 되는 경우를 뜻합니다.

"믿는 도끼에 발등 찍힌다"와는 결이 좀 다릅니다. 이 속담은 잘될 거라고 믿었던 일이 어긋나거나 믿었던 사람이 배신했을 때 씁니다. 도끼는 보기 어려워졌지만, 두 속담 다 비유적 의미로 자주 쓰입니다.

돌다리도 두들겨 보고 건너라

≒ 아는 길도 물어 가랬다

    돌다리가 튼튼해 보여도 혹시 모르니 두들겨 봐서 안전한지 확인해 보라는 거죠? 낯선 지역에서 교통수단을 이용할 때 이 속담을 들려주세요. (저는 김포공항에서 서울로 가는 버스를 타야 하는데, 반대편을 타서 꼼짝없이 인천공항까지 간 적이 있네요.)

드문드문 걸어도 황소걸음

'황소걸음'은 황소처럼 느릿느릿 걷는 걸음을 뜻합니다. 여기에 소의 부지런함이 더해져서, 느리지만 착실하게 어떤 행동을 해 나가는 것을 가리키기도 합니다. 즉, 속도는 느리지만 믿음직스럽고 알차다는 비유입니다.

"인생은 속력이 아니라 방향"이라는 말과도 맥락이 비슷하죠?

뛰는 놈 위에 나는 놈 있다

누가 아무리 뛰어나다고 해도, 그보다 더 뛰어난 놈(?)이 있으니 자만하지 말라는 비유입니다. 고속열차나 비행기를 탈 때 이 속담을 이야기해 주세요. 최고시속을 놓고 보면 KTX/SRT가 약 300km/h, 비행기가 약 900km/h이니 확실히 나는 놈이 뛰는 놈보다 빠르다고요.

말이 씨가 된다

말한 내용이 실현되었을 때 쓰는 말입니다.

말이 씨가 되고, 이 씨가 자라서 열매를 맺는다는 발상이 재미있죠. '처진 달팽이(유재석, 이적)'가 부른 〈말하는 대로〉를 들으며 이 속담을 이야기하면 더 효과적일 겁니다!

물에 빠져도 정신을 차려야 산다

= 호랑이에게 물려 가도 정신만 차리면 산다.

    자녀가 곤란을 겪거나 실의에 빠졌을 때, 이 속담을 이야기해 주세요. 해결책이 있을 테니 포기하지 말라고요.

    이 속담을 가장 잘 보여 주는 영화는 〈인터스텔라〉(2014)가 아닐까 싶습니다. 영화 포스터의 "우린 답을 찾을 것이다. 늘 그랬듯이(We will find a way. We always have)."라는 말이 어떻게 형상화되는지, 아직 안 보셨다면 자녀와 함께 시청해 보세요. (천만 명이 넘게 본 영화는 다른 사람들과의 대화를 위해서라도 봐 두면 좋습니다.)

미꾸라지 한 마리가
온 웅덩이를 흐려 놓는다

　개인의 안 좋은 행동이 전체 집단의 이미지를 나쁘게 하거나 분위기를 흐리는 것을 뜻합니다.

　맥락은 다른데, 미꾸라지 관련해서 '메기 효과'라는 것을 들어 보신 적 있을 겁니다. 많은 수의 미꾸라지를 운반할 때 천적인 메기를 한 마리 넣어 두면 미꾸라지들이 긴장해서 오히려 더 건강하고 활기차게 운송될 수 있다는 이야기. 그럴 듯하고 인상적이라서 많이들 이야기하지만 과학적으로는 근거가 없다고 합니다.

백 번 듣는 것이
한 번 보는 것만 못하다

"백문이 불여일견", "A picture is worth a thousand words."(사진 한 장은 천 개의 단어 가치가 있다)와 같은 말이죠. 이 책이 이미지 위주로 구성된 것도 이런 이유고요!

뱁새가 황새를 따라가면 다리가 찢어진다

능력 밖의 일을 억지로 하면 오히려 해가 된다는 뜻입니다.

이 속담을 알아야 방탄소년단의 〈뱁새〉 가사를 이해할 수 있습니다. 자녀와 함께 들어 보세요.

벼 이삭은 익을수록
고개를 숙인다

벼 '이삭'은 벼 끝에 열매가 열리는 부분을 가리킵니다. 교양과 학식이 있는 사람일수록 남 앞에서 겸손하다는 뜻입니다.

그런데 요즘은 또 SWAG(잘난 척, 으스대기)도 하나의 문화이긴 하죠. 각각 맞는 상황이 따로 있는 것이니, 부모님께서 어떤 상황인지를 잘 판단해 주세요.

비 온 뒤에 땅이 굳어진다

시련을 겪은 후 더 강해진다는 뜻이죠?

"날 죽이지 못하는 고통은 나를 강하게 만든다"라는 니체의 말과 비슷한 맥락으로 볼 수 있습니다.

자녀가 시련을 겪을 때 이 말과 함께 위로해 주세요.

뿌리 깊은 나무 가뭄 안 탄다

어휘력이 튼튼한 아이는 시험이 어려워도 점수가 크게 떨어지지 않습니다!

사람은 얼굴보다 마음이 고와야 한다

이 속담을 문자 그대로 해석하자면, 사람은 얼굴이 고와야 하는데, 마음은 '더' 고와야 한다는 뜻입니다. 얼굴이 곱지 않아도 된다는 의도였다면 "사람은 얼굴이 아니라 마음이 고와야 한다"라고 표현됐겠죠.

그나저나 왜 어른들이 제 얼굴을 보고 착하게 생겼다고 했던 걸까요. 얼굴을 봤는데 어떻게 마음이 곱다고 판단했는지 아직도 의문입니다. 열 길 물속은 알아도 한 길 사람의 속은 모른다는데 말입니다.

소문난 잔치에 먹을 것 없다

소문이나 기대에 비해 실속이 없는 경우에 쓰죠?

정말로 소문이 과장됐을 수도 있고, 혹은 너무 늦게 도착해서 앞
사람들이 좋은 것들을 다 먹어치웠을 수도 있고요.

시작이 반이다

시작하기가 어렵지, 시작하면 일단 일을 끝내기는 그리 어렵지 않다는 뜻입니다.

저는 이 속담을 약간 다르게 해석합니다. 시작할 때의 설렘과 흥분으로 진행할 수 있는 건 딱 절반까지라고요. 일을 끝마치려면 특별한 노력과 의지가 더 필요하기 때문에 많은 사람들이 일을 저질러만 놓고 마무리하지 못하는 게 많다고 해석합니다.

시치미

시치미를 떼다 ≒ 하고도 안 한 척, 알고도 모르는 척하는 태도

옛날 사람들은 매를 길들여 사냥하는 데 썼습니다. 그래서 꽁지에 주인이 누구인지 알 수 있는 이름표를 달았는데, 이를 '시치미'라고 합니다. 줄여서 '시침'이라고도 하고요.

그런데 종종 매가 주인이 아닌 다른 집에 날아들곤 했나 봅니다. 이때 매의 시치미를 떼고, 자기 시치미를 붙여 마치 원래 자기 매인 것처럼 행세한 사람들이 꽤 있었나 봐요. 그리고 이러한 행태가 특수한 것이 아니라 그런지 '시치미를 떼다'라는 표현이 보편적으로 퍼지게 됐습니다.

고등학교에 가면 배우는 내용인데 부모님들의 이해를 돕기 위해 짧게 설명해 보겠습니다. A+B꼴의 관용어는 종종 둘 중 하나가 생략되어도 의미가 통할 때가 있습니다. 만약 생략되고 남은 게 명사

라면 '이다'를 붙이는데, 예를 '시치미(A) 떼다(B)'를 '시치미이다'로 말할 수 있다는 거죠.

비슷한 예로 '뒷북(A) 치다(B)'를 '뒷북이다'로, '바가지(A) 긁다(B)'를 '바가지이다'로, '닭 잡아 먹고 오리발 내밀다'를 '오리발 내밀다'로, 다시 '오리발(A) 내밀다(B)'를 '오리발이다'로 줄여 나타내는 것 등이 있습니다.

아니 땐 굴뚝에 연기 날까

    요즘은 주변에 공장이나 큰 목욕탕이 없다면 '굴뚝'이 뭔지도 설명하기 어려운 시대입니다. 이 속담은 뭔가 원인(일)이 있기 때문에 결과(소문)가 있음을 비유적으로 나타냅니다.

    그런데 요즘처럼 SNS에 가짜뉴스가 횡행하는 것을 보면, 이 속담의 수명도 어쩌면 얼마 안 남은 게 아닌가 싶습니다.

열 길 물속은 알아도
한 길 사람의 속은 모른다

사람 속마음을 알기 어렵다는 뜻이죠? 사회적으로 존경받던 사람들이 엄청난 범죄로 몰락하는 사례를 보면, 이 말이 참 실감납니다. 제가 들은 사례 중 가장 흥미진진했던 것은 여의도 박영진 변호사님의 "언더커버 이모님과 크루즈 투자"라는 글이었습니다. 네이버나 구글에서 이 제목으로 검색하면 글이 제일 위에 뜰 테니, 심심할 때 읽어 보세요. 아주 재미있습니다.

(1) 오르지 못할 나무는 쳐다보지도 마라 ↔ (2) 열 번 찍어 아니 넘어가는 나무 없다

속담 중에는 반대의 뜻을 갖는 경우가 있습니다. (1)과 (2)도 그런 경우인데, (1)은 능력 밖의 일은 애초에 처음부터 욕심도 내지 말라는 뜻이고, (2)는 여러 번 시도하면 결국 성공할 수 있다는 뜻이죠? 둘 중 하나만 맞는 게 아니라 둘 다 맞습니다. 단지 적용되는 상황이 다른 것이죠. 그만큼 세상이 복잡하기도 하고요!

(2)는 남성이 여성에게 계속 들이대면(?) 그 여성이 자신을 안 좋아했더라도 언젠가 마음이 넘어온다는 식으로 많이 쓰였습니다. 그런데 21세기는 이러면 스토킹으로 잡혀 갈 수 있으니, 아들 둔 분들은 세심하게 지도해 주세요. 3회 이상 교제 · 만남을 요구하거나 2회라도 상대에게 공포나 불안감을 줬다면 처벌될 수 있다고 합니다.

자기 배 부르면
남의 배 고픈 줄 모른다

　좋은 처지에 있는 사람은 못한 처지의 사람을 모르거나 이해하기 어려워한다는 뜻입니다. "남의 염병이 내 고뿔만 못하다"라는 속담도 그렇고, 원래 사람은 타인의 고통에 둔감한 게 아닌가 싶습니다.

좋은 농사꾼에게는 나쁜 땅이 없다

　나쁜 땅도 부지런하게 가꾸면 수확을 많이 거둘 수 있다는 뜻으로, 착실한 사람은 환경을 탓하지 않는다는 뜻입니다. 요즘은 '좋은 목수는 연장을 탓하지 않는다'라는 표현도 많이 쓰는 것 같습니다.

　이 속담을 남에게 강요하면 꼰대가 될 수 있으니 주의해 주세요.

짚신도 제짝이 있다

사전에는 "보잘것없는 사람도 제짝이 있다는 말"이라고 설명되어 있는데… 좀 더 생각해 봐야 합니다. 짚신은 원래 왼쪽, 오른쪽으로 나눠서 만들지 않거든요. 신고 걷다 보니 압력, 땀, 온도 변화 등에 의해 짚신이 늘어났다 줄었다 하며 짝이 만들어집니다. 처음부터 운명의 짝이 있는 것이 아니라, 살며 맞춰 가야 한다는 것을 조상들이 이렇게 나타낸 것은 아닐까요? (발레화도 왼쪽, 오른쪽 구분 없이 만듭니다. 그런데 짚신처럼 신다 보면 짝이 맞춰지죠.)

참는 자에게 복이 있다

억울하고 분한 일이 있더라도 꾹 참고 견디는 것이 좋다는 말인데… 너무 옛날 패러다임이 아닐까 싶습니다. 엉뚱한 곳에 화풀이하는 것은 피해야겠지만, 무작정 참는 것도 답은 아니니까요.

누가 잘못했는지를 따져서 만약 책임이 상대방에게 있다면 참지 말고, 적절한 경로로 항의할 수 있죠.

첫술에 배부르랴

자녀가 어떤 일을 한두 번 해 보고 포기하려 한다면 이 속담을 들려주세요. 밥도 여러 숟갈 먹어야 배가 부르듯, 뭐든 첫술에 배부를 수 없다고요.

참고로 '십시일반'이라는 말도 있죠? 밥 열 술이 한 그릇이 된다는 뜻으로, 여러 사람이 조금씩 힘을 합하면 한 사람을 도울 수 있다는 뜻입니다. (조상들은 열 술은 떠먹어야 배가 부르다고 생각한 것 같습니다.)

코에 걸면 코걸이
귀에 걸면 귀걸이

관점에 따라 이렇게 설명할 수도, 저렇게 설명할 수도 있을 때 쓰는 말이죠? 자기 유리한 대로 상황을 해석하는 경우를 비판할 때 자주 쓰입니다.

이를 한자어로 '이현령비현령'이라고도 합니다.
발음이 재미있다는 정도로 자녀에게 소개해 주세요.

콩 심은 데 콩 나고 팥 심은 데 팥 난다

원인에 따라 그에 걸맞은 결과가 나타난다는 뜻이죠? 어쩌면 조상들이 멘델의 유전법칙을 발견하고 이를 나타낸 것일… 리는 없겠죠. '배나무에 배 열리지 감 안 열린다'도 같은 뜻입니다.

콩으로 메주를 쑨다 하여도 곧이듣지 않는다

    사실대로 말해도 믿지 않는다는 뜻인데, 요즘 학생들은 메주가 뭔지 본 적도 없으니 다소 낯설 수 있습니다. 두부, 된장, 메주 모두 콩으로 만드는 거라고 식사시간에 자연스럽게 이야기해 주세요. 그리고 이런 속담도 있다고 소개해 주시고요.

큰 고기는 깊은 물속에 있다

　[큰 고기＝훌륭한 인물], 즉 훌륭한 인물은 많은 사람들 속에 섞여 있어 잘 드러나지 않는다는 뜻입니다. 그런데 '낭중지추'라 하여, 뛰어난 사람은 주머니의 송곳처럼, 숨어 있어도 저절로 알려진다는 사자성어도 있습니다.

큰 둑도 개미구멍으로 무너진다

이 속담은 긍정적과 부정적 두 가지로 해석할 수 있습니다.

첫째, 작은 결점으로 인해 큰 문제가 생길 수 있다. 이런 뜻의 속 담으로는 "공든 탑도 개미구멍으로 무너진다"가 있습니다. ("공든 탑이 무너지랴"와 반대되는 속담이라는 게 재미있죠?) 둘째, 작은 힘으로도 큰 일을 이룰 수 있다. "천 리 길도 한 걸음부터"와 같은 맥락입니다.

탕약에 감초 빠질까

　요즘은 젊은 사람들이 한약을 잘 안 먹기 때문에 이런 속담을 이해하기가 더 어려워지는 것 같습니다. 한약은 보통 쓰기 때문에 감초(단맛이 나는 약초)를 넣는 경우가 많습니다. 그래서 "약방에 감초"는 어디에나 끼어드는 사람을 가리키기도 하고, 꼭 있어야 할 물건을 비유적으로 가리키기도 합니다. 부정적으로 쓸 수도 있고, 긍정적으로 쓸 수도 있죠.

　그런데 '탕약에 감초 빠질까'는 부정적으로 씁니다. 여기저기 아무데나 끼어드는 사람을 가리킵니다. 요즘 말로 하면 '낄끼빠빠'(낄 때 끼고, 빠질 때 빠짐)하지 못하고 다 끼는 사람이랄까요?

푸성귀는 떡잎부터 알고
사람은 어렸을 때부터 안다

잘될 사람은 어려서부터 남달리 장래성이 엿보인다는 말입니다. 그런데 해석에 주의하세요. 잘된 사람이 모두 어려서부터 남달랐다는 것은 아닙니다. 평범하거나 평균 이하였으나 잘된 사람들도 많죠!

하나를 보고 열을 안다

이 말은 두 가지로 해석될 수 있습니다.

첫째, 일부만 보고도 이치를 깨달아서, 그 이치가 적용되는 다양한 사례를 한꺼번에 이해한다.

둘째, 출신/성별/종교 등 일부를 보고 편견에 근거해 그 사람의 성향 전체를 잘못 추론한다.

후자는 지양해야겠죠!

북한에는 '하나를 알아야 열을 안다'라는 속담이 있습니다. 언뜻 비슷해 보이지만 뜻이 다릅니다. 마치 천리 길도 한 걸음부터라는 말처럼, 전체를 알기 위해서는 하나하나 확실하게 알아 가야 한다는 뜻입니다. 재미있죠?

하늘은 스스로 돕는 자를 돕는다

"Heaven helps those who help themselves"라는 영어 속담이 유입된 것 아닐까 싶습니다. 노력하는 게 중요하고, 그러다 보면 운도 따른다는 거겠죠. 자녀에게 노력의 중요성을 강조하실 때 이 속담을 써 보세요.

호랑이 굴에 가야
호랑이 새끼를 잡는다

목적을 이루기 위해서는 마땅히 해야 할 일을 해야 한다는 뜻이죠? 자녀가 뭔가 이루고자 하는 게 있는데, 주저하고 있는 부분이 있다면 이 속담을 들려주세요.

교과개념 엮어 읽기

교과서 → 어휘

　어휘력을 늘리는 방법 중 하나로 수업이 있다고 했죠? 국어뿐만 아니라 다른 과목에서도 중요한 어휘를 많이 습득할 수 있습니다. 특히 고1 공통 교육과정까지 배우는 모든 과목들은 필수적인 상식, 교양으로 여겨지기도 하니 그때그때 잘 정리해 둘 필요가 있습니다.

　여기서는 일상에서도 자주 쓰이는 국어 외 교과서 어휘를 일부 정리해 보겠습니다. 너무 자세히, 또 많이 다루면 해당 과목의 교과서랑 맞먹게 되므로 사례를 드는 수준으로만 하겠습니다. 나머지는 자녀에게 맡깁니다. 자녀가 교과 복습시 중요 개념들의 정의와 각 개념 간 관계를 노트에 직접 정리해 보라고 해 주세요. 어휘력뿐만 아니라 과목 성적도 쑥쑥 오를 겁니다.

가족 형태

핵가족 요즘은 대부분 핵가족이야.

확대 가족 요즘에는 확대가족이 흔하지 않아.

국어사전 정의에 따르면 [핵가족＝한 쌍의 부부＋미혼 자녀], [확대 가족＝부모＋기혼 자녀]입니다. 참고로 대가족은 식구 수가 많은 가족이라서 자녀가 9명씩 된다면 핵가족도 대가족일 수 있습니다.

그런데 국어사전의 정의가 현실과 동떨어진 것 같지 않나요?

이 책을 쓰며 문제의식을 느껴서 국립국어원에 아래와 같은 의견을 전달했습니다.

핵가족(nuclear family)의 의미가 시대 변화를 못 따라오고 있습니다. 현 정의대로라면 한부모가족, 자녀가 없는 부부는 핵가족이 아니게 됩니다. 이미 통계청에서는 인구주택총조사에서 핵가족을 "부부, 부부＋미혼자녀, 한부

224

모＋미혼자녀"로 정의하여 분포／비율을 발표하고 있습니다. (물론 여기에도 조부모＋손주 가정은 핵가족에 포함되지 않는 맹점이 있습니다.) 이런 현실을 반영하여 국립국어원에서 핵가족의 정의를 적절하게 바꿔 주길 기대합니다.

아이가 살고 있는 환경과 연결지어 확대 가족, 핵가족, 1인 가구, 한부모 가족 등 다양한 가족／가구의 형태에 대하여 이야기를 나눠 보세요.

5대양 6대륙, 지중해

이 단어들이 어디를 가리키는지 이미지를 찾아보세요.

5대양 7대륙이나 4대양 7대륙 등으로 구분하는 경우도 있습니다.

한국 초등학교 사회 시간에는 5대양 6대륙으로 배우는 게 기본이니 일단 이렇게 먼저 익혀 두기 바랍니다. 지중해는 5대양 중 하나는 아니나 역사, 문화와 관련 자주 접하게 되니, 지도상 어디에 위치하는지 알아 두면 도움이 됩니다.

경도, 위도

　　지구 위치를 나타내는 좌표축으로, 가로선을 위도, 세로선을 경도
라고 합니다. 위도는 위아래에 선이 각각 그어지기 때문에 위도라고
외우면 절대 안 잊어버리겠죠!

고분, 고인돌

1) 백제고분은 백제 사람들이 만든 옛무덤이야.

2) 고인돌은 괴인 돌이라는 뜻이래.

예문으로 이미 다 설명을 해 버렸네요!

권리

권리 학교에서 배운 국민의 권리와 의무엔 어떤 것들이 있니?

인권 피부색이 다른 친구를 놀리는 건 인권침해라고 볼 수 있어.

권익 권리에 따르는 이익을 '권익'이라고 해.

　권리는 어려운 단어 같지만, 초등학교 사회 시간에 배우는 개념입니다. 평등권, 참정권, 자유권, 특허권 등 다양한 국민의 권리를 설명하며 권리의 개념을 함께 익힐 수 있게 도와주세요.

　참고로 참정권은 선거권, 피선거권, 공무담임권(공무원이 될 수 있는 권리) 등을 가리킵니다.

기중기, 거중기

기중기 = 크레인

무거운 물건을 들어 올려 아래위나 수평으로 이동시키는 기계

거중기 정약용이 개발한 무거운 물건을 들어 올리는 데 쓰던 기계

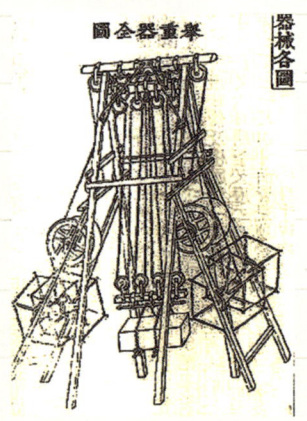

오른쪽 사진이 기중기(크레인), 왼쪽 사진이 『화성성역의궤』에 실린 거중기입니다. 거중기가 과거라고 기억하면 안 헷갈리겠죠?

높임말

집-댁 선생님 댁은 어디세요?

만나다-뵙다 언제 뵈러 가면 되나요?

말-말씀 말씀해 주신 것을 확인하러 왔습니다.

묻다-여쭈다 여쭤 볼 게 있어요.

밥-진지 진지 드셨어요?

생일-생신 생신 축하드려요!

있다-계시다 언제 댁에 계세요?

위에 제시된 높임말은 초등학교 교과서에 나오기도 하지만, 살면서 교양 없어 보이지 않기 위해 꼭 알아야 할 말이기도 합니다.

A-B꼴로 묶어 놨는데, B가 A의 높임말입니다. 아이가 어른과 대화할 때 높임말을 적절히 구사하는지 관심을 가져 주세요.

방파제, 방조제

밀물 달, 태양의 인력에 의해 밀려 들어오는 바닷물

썰물 달, 태양의 인력에 의해 빠져나가는 바닷물

조수 밀물 + 썰물

만조 밀물로 인해 해면이 가장 높게 상승한 상태

간조 썰물로 인해 해면이 가장 낮게 하강한 상태

간만 간조 + 만조

방조제 조수로 인한 피해를 막기 위해 바닷가에 쌓은 둑

방파제 파도를 막기 위하여 항만에 쌓은 둑

새만금 방조제는 길이가 34km에 이를 정도로 깁니다. 왜 이런 게 필요한지 과학 시간에 어느 정도 배우기도 하겠지만, 기회가 된다면 방조제가 있는 곳에 같이 놀러 갔다 와 주세요. 살아 있는 교육이 될 겁니다.

봉수, 파발

지금은 전화가 있으니 무슨 일이 생기면 편하게 전달할 수 있죠? SNS에 글을 올리면 순식간에 많은 사람에게 내용을 전파할 수도 있고요. 그렇다면 이런 전화나 컴퓨터가 없던 시절에는 소식을 어떻게 전했을지 자녀에게 물어 보세요. 밤에는 횃불로, 낮에는 연기로 소식을 전했던 통신 제도를 봉수(봉화)라고 하고, 직접 말을 타고 가서 내용을 전하던 방식을 파발이라고 한다고 알려 주세요.

봉수는 쉽고 멀리 전할 수 있지만 자세한 내용을 전달하기 어렵습니다. 비가 와도 쓸모가 없고요. 파발은 자세한 내용을 전달할 수는 있는데 돈이 많이 드는 단점이 있습니다. 말 자체가 비싸기도 하고, 또 말이 무한정 뛸 수는 없잖아요. 그래서 나라에서는 중간중간 사람이 쉴 수 있고 말을 제공해 주는 역참을 운영했습니다.

마치 휴게소에서 밥 먹고 기름 넣는 것과 비슷하죠?

선거

선거 반장 선거를 통해 OO이 반장이 되었다며?

선거권 여성이 선거권을 가진 역사는 오래되지 않았어.

국회 국회의원인데 국회 출석률이 낮으면 어떡하죠?

투표 나는 O번 후보에게 투표했어.

개표 개표해 보니 후보들 간 득표수 차이가 크지 않았어.

공약 지훈이는 두발자유화를 공약으로 내세웠어.

경선 둘 이상의 후보가 경쟁하는 선거

직접 겪어 봤을 학급 반장 선거와 연계하여 설명해 주세요.

참고로 선거권은 투표를 할 수 있는 권리이고, 피선거권은 투표를

받을 수 있는, 즉 선거에 출마할 수 있는 권리입니다.

스타카토, 페르마타

　왼쪽의 스타카토는 음표 길이를 절반 정도로 끊어서 연주하거나 부르는 것이고, 오른쪽의 페르마타(늘임표)는 반대로 2~3배 늘여서 연주하거나 부르라는 것입니다. '스타카토' 정도는 수능 국어 지문에 설명 없이 나오는 기초 상식입니다.

이음줄, 붙임줄

음악 시간에 배우는 용어입니다. 같은 높이의 음을 한 음처럼 연주하는 기호가 붙임줄, 다른 높이의 음들을 부드럽게 이어서 연주하는 기호가 이음줄입니다.

자음

거센소리 ㅋ,ㅌ,ㅍ,ㅊ

예사소리 ㄱ,ㄷ,ㅂ,ㅅ,ㅈ.ㅎ

된소리 ㄲ,ㄸ,ㅃ,ㅆ,ㅉ

초등학생 때 배우는 이 개념을 고등학생이 되어서도 헷갈리는 학생들이 많습니다. 직접 발음해 보고, '뙨쏘리', '커첸소리'로 기억하면 도움이 됩니다.

정월, 섣달, 그믐, 초하루

정월 음력으로 한 해의 첫째 달

섣달 음력으로 한 해의 마지막 달

그믐=그믐날 음력으로 그달의 마지막 날

초하루 매달 첫째 날

일상에서도 곧잘 쓰이고, 시험에도 종종 등장합니다.

응용해 볼까요?

'섣달그믐'은 언제일까요? 음력 마지막 달의 마지막 날입니다.

'정월 초하루'는 음력 첫째 달의 첫째 날이고요!

지적재산권

지식재산권 지적 활동으로 발생하는 재산권

저작물 아이디어를 표현한 창작물

특허권 발명한 것을 일정 기간 혼자만(독점적으로) 사용할 수 있는 권리

　　지식재산권은 크게 저작물에 대한 권리인 저작권과 특허권으로 나뉩니다. (세부적으로 들어가면 복잡하고, 초등학교 수준에서는 이 정도로만 알아도 될 것 같습니다. 어른들도 이 이상으로 잘 모르는 경우가 많고요.)

차별

차별 엄마가 어릴 때는 성차별이 심해서 남자만 반장을 할 수 있었어.

편견 피부색이 다르다고 한국인이 아닐 거라 생각하는 건 편견이야.

고정관념 엄마가 아기를 키워야 한다는 고정관념이 깨지고 있어.

소수자 소수자라는 이유로 차별받아서는 안 된다.

인종 차별 다문화가족이 늘며 한국 내 인종차별이
중요한 사회문제로 떠올랐어.

시각 장애인 이 점자 안내판은 시각장애인을 위한 거야.

공공장소의 점자 안내판을 직접 만지게 하여 시각장애와 장애인에 대한 이해를 도와주세요. 이 개념을 장님, 봉사 등이 아니라 '시각장애인'이라는 권장 호칭으로 처음 접할 수 있게 해 주세요.

소수자는 한자 뜻대로라면 숫자가 적은 사람들을 가리키지만, 실제로는 숫자가 많더라도 주류집단으로부터 차별받는 집단은 모두

소수자(비주류)입니다. 예를 들어, 남성이 주류인 사회에서 여성이 차별 받는다면 여성도 소수자가 될 수 있습니다. 비록 그 수가 적지 않더라도요.

'벙어리장갑'이라는 말 대신 '손모아장갑'이라는 표현을 쓰자는 운동이 있습니다. 벙어리가 언어장애인에게 상처가 되는 말이기 때문입니다.

장애인의 반대말이 정상인이 아니라 비장애인이라고 알려 주세요. 장애인의 대립어를 정상인으로 설정하는 순간, 자연스럽게 우리의 인식 속 장애인은 '비정상인'이 됩니다.

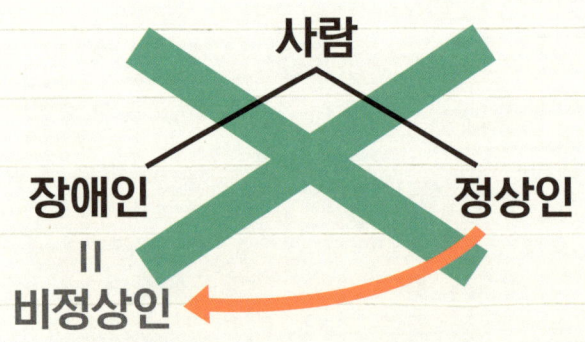

크레셴도, 데크레셴도

크레셴도 점점 세게

데크레셴도 점점 여리게

'악동뮤지션'이 부른 곡 중에도 〈크레셴도〉가 있었죠.

크레셴도(〈)는 그 의미가 밝고 희망적이라 그런지 다양한 단체명으로도 곧잘 활용되는 것 같습니다. 왼쪽 그림이 크레셴도, 오른쪽 그림이 데크레셴도입니다.

 **맺음말**

　　돌이켜 보면 제 어휘력의 8할은 부모님 덕분입니다.
아버지는 '효율적'과 '효과적'을 잘못 써서 회사에서 깨졌던(?) 일화
를 스스럼없이 해 주셨고, 어머니는 일상 대화에서 단어의 미묘한
뜻을 구분하도록 도와 주셨습니다. 또 사전을 찾아보는 습관의 중요
성을 늘 말씀해 주셨고요.

　　이처럼 부모님은 제게 최고의 어휘 선생님이셨고, 덕분에 제가 국
어 참고서 저자가 되지 않았나 싶습니다. 지금까지 이 책을 읽어 주
신 학부모님들도, 그런 부모님이 되어 주시길 부탁드립니다.

　　자녀와 많이 대화하고, 같이 배워 나가세요. 그 과정에서 의문사
항이 생긴다면 '국어의기술.kr'에 언제든 글을 남겨 주시고요.

　　부모의 습관이 곧 자녀의 생활이 됩니다. 습관이 곧 인생이 됩니

다. 부모의 어휘력이 자녀의 이해력을 키웁니다. 이해력은 공부뿐만 아니라 세상을 살아가는 데 있어서 가장 큰 힘이 될 수 있습니다.

이해력의 뿌리는 어휘력! 잊지 마시기 바랍니다.

부모의 어휘력이 자녀의 이해력

초판 1쇄 발행 2018년 4월 30일

지은이 이해황
펴낸이 조자경
펴낸곳 블루페가수스

책임편집 박해원
디자인 데시그
마케팅 천정한

출판등록 2017년 11월 23일(제2017-000140호)
주소 07327 서울시 영등포구 여의나루로71 동화빌딩 1607호
전화 02)780-1222 **주문팩스** 02)6008-5346 **이메일** hanna126@hanmail.net

ⓒ 2018 이해황

ISBN 979-11-962853-3-3 13590